Office2024で実践
読み書きプレゼン

小川 浩／工藤 喜美枝／五月女 仁子／中谷 勇介 共著

ムイスリ出版

はしがき

　私たちがこのテキストシリーズを最初に出版した 2007 年から 18 年が経過しました。18 年前といえば、今年大学に入学する学生の多くが生まれたばかりの時期でしょう。この間に、大学生とコンピュータの関わりには大きく変わったことと、あまり変わっていないことがあります。

　大きく変わったことは、エンドユーザのコンピュータ環境、特に高速ネットワークとクラウドサービスの普及です。コロナ禍の遠隔授業などの影響もあり、インターネットとの高速常時接続を前提として、Microsoft365 のようなクラウドサービスを使うことは、現在ではごく当たり前のこととなっています。2007 年当時はスタンドアロンでの運用や精々構内の LAN に接続する程度だったことを考えると、出先であっても携帯網経由でインターネットに接続さえしていれば作業をどこにいても続けられることは大きな進歩です。Office もこのような流れに沿っていろいろ機能を追加してきています。

　一方で、あまり変わっていないことは知的活動のツールとしてのコンピュータの利用法です。私たちは 2007 年版から一貫して**読み書きプレゼン**というキーコンセプトを掲げています。読み＝「データを整理して必要なことを読み取る」、書き＝「きちんとした文章で結果をまとめる」、プレゼン＝「結果を要領よくプレゼンテーションする」です。これらのスキルの重要性は、時代の変化によって減ずるどころか、むしろ増えています。

　ネットワークの発展により、得られる生のデータ量はどんどん増えています。人間の直観で把握できるデータはごく僅かですから、大量のデータをコンピュータの助けを借りて処理する能力、すなわち「読み」の重要性はかつてよりずっと大きくなっています。「書き」や「プレゼン」についても、大学での学修や社会に出てからの職業生活で必要なのはもちろんですが、エントリーシートやコミュニケーション能力を選考の要素として使う就職活動でも「自分の伝えたいことをきちんと言語化し、プレゼンできる」スキルは不可欠です。

　最近では生成 AI による知的活動サポートが現実的なものとなり、Office にも Copilot のような AI ツールが組み込まれています。しかし、現時点では生成 AI が出力した結果をそのまま信頼するのは危険です。たとえば、論文の要約をさせると「その論文には全く書いていないことが混ざる」あるいは、参考文献を出力させると「実在しない参考文献が混ざったリストを出力する」などのハルシネーションが発生することは珍しくありません。こうした誤りを見抜き、最終的な判断を自分で行える能力を持つことが今後も重要であり続けるでしょう。

読み書きプレゼン

　上述の通り、本書では**読み書きプレゼン**をキーコンセプトとして採用しています。このコンセプトを実行する際に必要な要素には考え方・理論的な側面と、実際にコンピュータで必要な処理をする実践的な側面の 2 つがありますが、本書では後者のコンピュータを使ってどうするか、という部分にフォーカスを当てて説明しています。具体的には、マイクロソフト Office に含まれる Word、Excel、PowerPoint を使って、やりたいことを、どうやってやるかを説明しています。つまり、ツールとしてどう使うかです。

　それでは理論的側面はどうするのか？　と思われるかもしれません。この問題については、理論的な側面は個別のアプリケーションの使い方とは独立に学ぶべきであると私たちは考えています。たとえば、レポートを書くという行為を考えた場合、どのように資料を集め、論証を行い、文章化するという手順についての方法論は手書きだろうと Word だろうと大きくは変わりません。このような汎用的な考え方を特定のアプリケーションに紐付けて説明することは筋が悪いと考えます。

　本書は大学の講義で使うことを前提として書かれていますので、考え方は講義で先生が説明することとして省略してあります。その代わり「やりたいことはわかっているのだけれど、このアプリケーションでどうやったらいいのか分からない」というツールの使い方をすぐ探せるようにタイトルなどを工夫しています。また、内容も電話帳のように分厚い自習書でありがちな「どの機能を使えばいいのか分からない」という事態を避けるため「読み書きプレゼン」に必要な範囲を意識して厳選してあります。そのため、教科書としての利用以外にも、ある程度以上長い文章を作成したり、さまざまなデータ分析を行ったり、説得力のあるプレゼンを行ったりしたい人すべてにとってハンドブックとして十分役立つと考えています。

　なお、本書は全体企画、はしがきが小川、Excel 編が五月女、PowerPoint 編が中谷、Word 編が工藤で分担執筆しています。

2025 年 2 月

著者を代表して　小川　浩

Contents

Office

Chapter1　Officeの基本操作 ……………………………………… 1
 1　起動と終了　2　　　　　　　　2　画面構成　3
 3　Backstageビュー　4　　　　　4　クイックアクセスツールバーとリボン　5
 5　ファイルの開き方　6　　　　　6　ファイルの保存　7
 7　ファイルの印刷　8　　　　　　8　文字書式の変更　9
 9　コピーの方法　10

Word

Chapter0　Wordとは何か ………………………………………… 11
 0-1　Wordとは何か　12

Chapter1　Wordの基本と入力 …………………………………… 15
 1　Wordの画面　16　　　　　　　2　[段落記号]と[編集記号]　17
 3　文字や段落の選択　18　　　　　4　フォントの選択　19
 5　カーソルの位置　20　　　　　　6　文字数のカウント　21
 7　効率の良い入力　22　　　　　　8　よく使う言葉の登録　23
 9　記号の入力　24　　　　　　　10　累乗や分数の入力　25
 11　数式の入力　26

Chapter2　文字書式と段落書式 …………………………………… 27
 12　蛍光ペンと傍点　28　　　　　13　ふりがな　29
 14　全角/半角、大文字/小文字の変換　30　　15　文字間隔と文字位置の調整　31
 16　文字列の配置変更　32
 17　指定した範囲で文字を均等に配置　33　　18　箇条書きと段落番号　34
 19　箇条書きや段落番号を新たに作成するには　35
 20　行頭や英数字前後のスペースの削除　36
 21　文字の位置を揃える　37　　　22　ページ余白の変更　38
 23　行頭/行末の空きの変更　39　　24　行間隔の調整　40

Chapter3　ページ書式と印刷 ……………………………………… 41
 25　用紙・余白・文字数などの設定　42
 26　任意の位置でのページ変更とページ設定の変更　43
 27　ヘッダー/フッターの表示　44　　28　ヘッダー/フッターの変更　45
 29　ヘッダーに見出しを表示　46　　30　ヘッダーやフッターの登録　47
 31　印刷の設定　48

Chapter4　長文の作成 ……………………………………………… 49
 32　文章校正と表記ゆれチェック　50　　33　文字列の検索と置換　51
 34　文書全体の書式を統一　52　　35　よく使う書式の登録　53

36 見出しの設定　54
37 章番号や節番号の設定　55
38 便利な画面表示　56
39 文章構成の変更　57
40 表番号と図番号　58
41 脚注の挿入　59
42 相互参照の利用　60
43 目次の作成　61
44 段組みの設定　62
45 索引の作成　63
46 引用文献目録の作成　64
47 引用文献一覧の挿入　65
48 ブックマークの利用　66

Chapter5　表とオブジェクト　　67
49 表の作成　68
50 列幅と行高の変更　69
51 行列の追加と削除　70
52 結合と分割　71
53 セルや罫線などの詳細設定　72
54 セル内の文字の配置　73
55 表の文書内の配置　74
56 表のページに関するトラブル回避　75
57 文字を自由にデザインする　76
58 図形や画像の挿入と配置　77
59 図形や画像のトラブル回避　78

Power Point

Chapter0　よいプレゼンテーションをするために　　79
0-1　よいプレゼンテーションをするために　80

Chapter1　スライドの作成　　83
1 PowerPointの画面　84
2 スライドの挿入　85
3 スライドのレイアウト変更　86
4 スライドの削除　87
5 スライドの移動　88

Chapter2　入力と編集　　89
6 プレースホルダーのサイズと位置変更　90
7 箇条書きのレベル変更　91
8 箇条書きの行頭文字変更　92
9 行間の変更　93
10 任意の位置への文字入力　94
11 アウトライン機能による文字入力　95
12 ノートの利用　96

Chapter3　スライドのデザイン　　97
13 テーマの設定　98
14 画像の挿入　99
15 画像のトリミング　100
16 背景画像の挿入　101
17 映像の挿入　102
18 スライド番号の表示　103
19 スライドマスターの変更　104
20 スライドすべてに同じ画像を挿入　105
21 スライドサイズの変更　106

Chapter4　表とグラフ　　107
22 表の作成　108
23 Excelの表の挿入　109
24 グラフの作成　110
25 グラフの種類の変更　111
26 複合グラフへの変更　112
27 グラフデータの再編集　113
28 Excelのグラフの挿入　114

Chapter5　図形　　115

- 29　組織図やピラミッド図の挿入　116
- 30　組織図への図形追加　117
- 31　箇条書きからSmartArtへの変更　118
- 32　図形を描く　119
- 33　直線を描く　120
- 34　曲線を描く　121
- 35　図形への文字入力　122
- 36　図形の色や線の修正　123
- 37　図形のスタイル設定　124
- 38　図形を立体的にする　125
- 39　図形の回転・反転　126
- 40　図形の重なる順序の変更　127
- 41　図形のグループ化　128
- 42　アイコン　129
- 43　3Dモデル　130

Chapter6　アニメーション　　131

- 44　画面切り替え効果の設定と解除　132
- 45　画面切り替え効果のスピード設定　133
- 46　全スライドへの同じ画面切り替え効果の設定　134
- 47　プレースホルダーへのアニメーション設定　135
- 48　図形へのアニメーション設定　136
- 49　アニメーションの確認　137
- 50　アニメーションの解除　138
- 51　アニメーションの順序変更　139
- 52　箇条書きへの詳細なアニメーション　140
- 53　グラフへのアニメーション設定　141
- 54　グラフを系列ごとに表示させる設定　142

Chapter7　スライドショー　　143

- 55　スライドショーの実行　144
- 56　発表者ツールの利用　145
- 57　スライドショー実行中での一覧表示　146
- 58　サマリーズームの追加　147
- 59　一時的なスライドの非表示　148
- 60　スライドショー中のレーザーポインター機能　149
- 61　スライドショー中のペン書き　150
- 62　スライドショーの書き込み保存　151
- 63　スライドショーの記録　152

Chapter8　印刷・その他　　153

- 64　スライドの印刷　154
- 65　スライドとノートの印刷　155
- 66　日付やページ番号を挿入して印刷　156
- 67　スライドをPDF形式で保存　157
- 68　別のスライドやファイルなどへのリンク　158

Excel

Chapter0　Excelとは　　159

- 0-1　Excelとは　160
- 0-2　入力について　161
- 0-3　入力データの削除と修正　162

Chapter1　入力と編集　　163

- 1　連続データの入力　164
- 2　今日の日付、現在の時刻を簡単に入力する　165
- 3　上手なコピー　166
- 4　ふりがなの設定　167
- 5　行・列の設定　168
- 6　数値の単位や桁を揃える　169

7　表の入れ替え・移動　170

Chapter2　書式　……………………………………………… 171

　　8　文字数が多い場合のセルの処理　172
　　9　境界線と文字、文字列間にスペースを入れる　173
　10　セルに色や模様を設定する　174　　　11　罫線を付ける　175
　12　タイトルと表を上手に装飾する　176　　13　新しいスタイルの登録　177
　14　値の大きさをセル内で視覚的に表示する　178

Chapter3　計算式、関数、分析　………………………………… 179

　15　計算式の作成　180　　　　　　　　　16　割合の計算　181
　17　隣接する計算を簡単にする　182　　　18　合計と平均値を求める　183
　19　最大値、最小値、データ数を求める　184
　20　中央値、最頻値、分散、標準偏差を関数で求める　185
　21　1つの条件によって真偽を判断する　186
　22　2つ以上の条件によって真偽を判断する　187
　23　四捨五入、切り上げ、切り捨てをする　188
　24　順位に関する関数　189
　25　複数のシートの同じセルのデータを集計する　190
　26　1つの条件を満たすデータの合計などを求める　191
　27　複数の条件を満たすデータの合計などを求める　192
　28　検索値をもとに表から値を抽出する　193
　29　検索値が行・列に関係なく表から値を抽出する　194
　30　文字列の処理　195　　　　　　　　　31　拡張機能を追加　196
　32　基本統計量を簡単に表示する　197　　33　関数がわからないとき　198

Chapter4　シート操作　……………………………………… 199

　34　シートの追加・削除、シート名の変更　200
　35　シートの移動とコピー　201
　36　複数シートの同じセルに同じ文字を入力する　202

Chapter5　視覚的表示　……………………………………… 203

　37　グラフの作成　204　　　　　　　　　38　グラフのサイズの変更と移動　205
　39　グラフのデータを変更する　206
　40　凡例項目や横軸ラベルをグラフ作成後に設定する　207
　41　グラフの種類を変更する　208　　　　42　数値軸を変更する　209
　43　データラベルを設定する　210　　　　44　ヒストグラムの作成　211
　45　箱ひげ図の作成　212　　　　　　　　46　近似曲線を表示する　213
　47　グラフを作成しなくてもビジュアル的にデータを表示　214

Chapter6　データベース　…………………………………… 215

　48　データを昇順・降順に並べ替える　216　49　特定のデータを抽出する　217
　50　指定した条件のデータを抽出する　218

51 特定の項目の小計と総計を求める 219
52 複雑な条件を設定して抽出する 220
53 テーブルを使った並べ替えや抽出 221　54 分析を簡単に行うには 222

Chapter7　データの整理機能 ･･････････････････････ 223

55 クロス集計をする 224　　　　　56 表示の変更 225
57 集計方法と表示形式を変更する 226
58 ピボットテーブルでの並べ替え 227
59 ピボットテーブルからグラフを作成する 228
60 ピボットテーブルにフィルタリング機能を追加する 229
61 ピボットテーブルで集計期間を指定する 230
62 複数のファイルを効率よく管理したい（1） 231
63 複数のファイルを効率よく管理したい（2） 232

Chapter8　印刷 ･････････････････････････････････ 233

64 指定した範囲を印刷する 234　　65 印刷の設定を変更する 235
66 見出しを付けて印刷する 236　　67 データのみ印刷する 237
68 ヘッダーに日付、フッターにページ番号を入れて印刷する 238

Office Index ･･ 239
Word Index ･･･ 240
PowerPoint Index ･････････････････････････････････････ 243
Excel Index ･･･ 245

Microsoft、Windows はアメリカ Microsoft Corporation のアメリカおよびその他の国における登録商標です。その他、本書に登場する製品名は、一般に各開発メーカーの商標または登録商標です。なお、本文中には™及び®マークは明記しておりません。

Office

Chapter 1
Officeの基本操作

1　起動と終了

【スタートボタン】から起動　【閉じる】ボタンで終了

アプリを起動するには(図1-1)

① **スタート** ボタンをクリック。
② **すべてのアプリ** をクリック。
③ 目的のアプリをクリック。

　※【ショートカットの作成】
　　アプリのアイコンをデスクトップにドラッグすると、ショートカットが作成されてデスクトップから簡単に起動することができます。

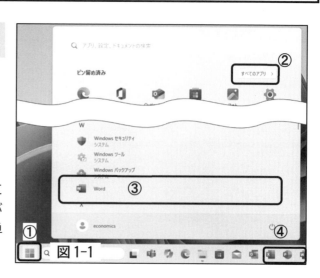

図1-1

　※【ピン留め】
　　アイコンを右クリックして **スタートにピン留めする** を選択すると、スタートのタイルにアプリのアイコンが表示されます。また、**詳細－タスクバーにピン留めする** を選択すると、タスクバーにアプリのアイコンが表示されて簡単に起動できるようになります(④)。

新規画面を表示するには(図1-2)

① 新規の左端のアイコンをクリック。

　※ Wordでは、**白紙の文書**
　　 Excelでは、**空白のブック**
　　 PowerPointでは、**新しいプレゼンテーション** です。

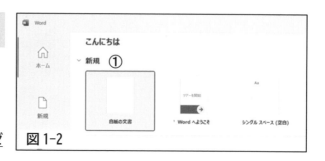

図1-2

アプリを終了するには(図1-3)

① **閉じる** ボタンをクリック。

　※ Alt キー + F4 キーを押しても閉じることができます。

図1-3

2　画面構成

編集領域を除くと、Office の画面は共通

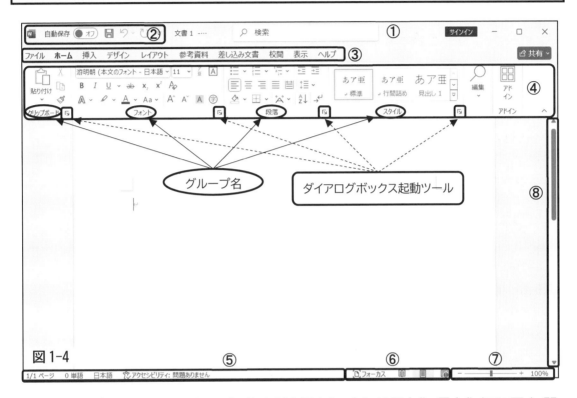

図 1-4

① タイトルバー ： そのファイルのタイトルが表示され、右には最小化・最大化/元に戻す・閉じるボタンがあります。

② クイックアクセスツールバー ： よく使うボタンが配置されています。

③ タブ ： リボンを切り替えるための見出しです。

④ リボン ： 操作するためのコマンドボタンがグループ別に配置されています。ウィンドウサイズによって、ボタンの大きさが変わったり、複数のボタンがまとめられたりします。

⑤ ステータスバー ： その画面の基本的な事項が表示されます。

⑥ 表示 ： 画面表示モードを変更することができます。

⑦ ズーム ： ▌（ズームスライダー）を左右にドラッグするか、━ （縮小）や ＋ （拡大）のボタンをクリックすると、画面が拡大/縮小されます。％表示（表示倍率）をクリックすると、任意に指定することもできます。

⑧ スクロールバー ： 画面に表示しきれない部分を表示します。

3 Backstage ビュー

ファイルに対する確認・操作やオプションなどを起動

Backstage ビューを表示するには

ファイル タブをクリックすると表示されます(p.3 図1-4 ③)。

Backstage ビューの使い方

左の領域で、**開く**・**情報**・**保存**・**印刷** などのファイルに関する項目をクリックすると(図1-5①)、右側の領域でその詳細が表示されます。

その他 から **オプション** をクリックすると(図1-5②)、**オプション** ダイアログボックスが表示されて、アプリに関する設定が行えます。

※ 画面が大きい場合には、**その他** は初めから展開されています。

Backstage ビューを閉じるには

戻る ボタンをクリックします (図1-5③)。

※ Esc キーを押しても元の画面に戻ります。

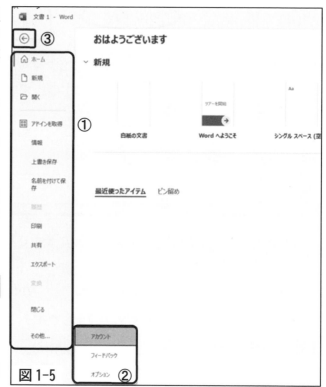

図 1-5

Column プロパティやバージョン情報を表示する

図1-5 ①で、**情報** をクリックすると、作成日時や作成者名などのプロパティ(情報)が表示されます。**アカウント** をクリックすると、アプリの更新の設定を行ったり、バージョン情報を確認したりすることができます。

4 クイックアクセスツールバーとリボン

操作に使うコマンドボタンが配置

クイックアクセスツールバー（図1-6）

よく使うボタンを追加しておくと便利です。

クイックアクセスツールバー の **ユーザー設定** ボタンをクリックして、**新規作成・印刷プレビューと印刷** などを追加しておくとよいでしょう。

※ そのほかのボタンは、リボンのコマンドボタンを右クリックすると、直接クイックアクセスツールバーに追加することができます。

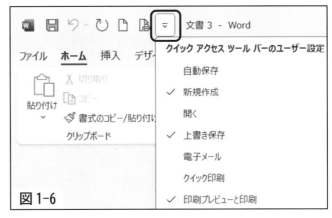

図1-6

※ **クイックアクセスツールバー** の **ユーザー設定** ボタンから、**リボンの下に表示** を選択すると、編集画面のすぐ上に配置されて使いやすくなります。

リボン（図1-7）

リボンに配置されているコマンドボタンは、ウィンドウサイズによって、表示が変化します。図1-7では、ウィンドウサイズを小さくしたため、グループのみの表示となっています。グループに表示されているボタンをクリックすれば、コマンドボタンが表示されます。

ウィンドウサイズを大きくすると、p.3の図1-4のように、グループごとにたくさんのコマンドボタンが表示されます。

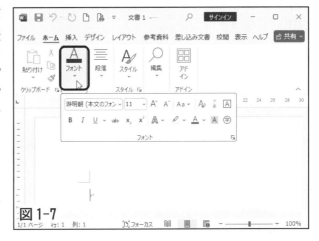

図1-7

※ リボンのタブをダブルクリックすると、リボンが非表示となり、作業領域を広く使えるようになります。
　再度タブをダブルクリックすると、元に戻ります。

5　ファイルの開き方

(A)【ファイル】▶【新規】または【開く】　(B) Ctrl + N キー　(C) Ctrl + F12 キー

新規ファイルを開くには

次のどちらかを実行します。

(A) **ファイル** タブ－**新規** で、**新規** の左端のアイコンをクリックします。

(B) Ctrl キー＋ N キーを押します。New の【N】と覚えます。

既存のファイルを開くには

次のどちらかの方法で、**ファイルを開く** ダイアログボックスを表示します。

(A) **ファイル** タブ－**開く** で、**参照** をクリックします。

(B) Ctrl キー＋ F12 キーを押します。

保存先を確認し、ファイルを選択して、**開く** ボタンをクリックします（図1-8）。または、ファイル名をダブルクリックします。

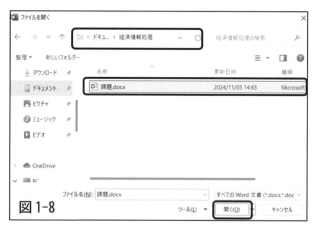

図1-8

最近使ったファイルを開くには（図1-9）

ファイル タブをクリックして Backstage ビューを表示させると、**最近使ったアイテム** が表示されるので選びます。

※ 常に表示しておきたいときは、ファイルをポイントし、押しピンのアイコンをクリックします。これで、いつでも **ピン留め** に表示されるようになります。

※ 解除するには、**ピン留め** を表示して押しピンのアイコンをクリックします。

図1-9

6　ファイルの保存

(A)【ファイル】▶【名前を付けて保存】　(B) F12 キー
(C)クイックアクセスツールバーの上書きボタン　(D) Ctrl キー+ S キー

新規に保存するには

図 1-10

次のどちらかの方法で、**名前を付けて保存** ダイアログボックスを表示します。

(A)**ファイル** タブ－**名前を付けて保存** から、**参照** を選択します(図 1-10)。
(B) F12 キーを押します。

保存先を指定し、名前を入力して、**保存** ボタンをクリックします(図 1-11)。

上書き保存するには

図 1-11

次のどちらかの方法で保存します。

(A)クイックアクセスツールバーの **上書き保存** ボタンをクリックします。
この **上書き保存** ボタンは、まだ保存されていなければ新規の保存となります。
(B) Ctrl キー+ S キーを押します。

アプリ終了時に保存を聞かれたら

保存しないでアプリを終了すると、保存するかどうかのダイアログボックスが表示されます。

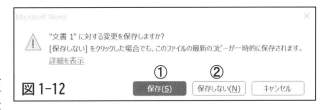

図 1-12

保存 ボタンをクリックすると、**名前を付けて保存** ダイアログボックスが表示されます(図 1-12①)。

保存しない ボタンをクリックすると、そのまま終了します(図 1-12②)。

7　ファイルの印刷

(A)【ファイル】▶【印刷】　(B)クイックアクセスツールバーに追加したボタン
(C) Ctrl キー＋ P キー

印刷プレビューを確認するには(図1-13)

どんなファイルでも必ず印刷プレビューを確認してから印刷しましょう。次のどれかの方法で印刷プレビューを表示します。

(A) ファイル タブ－印刷 をクリックします。

(B) クイックアクセスツールバーに追加した 印刷プレビューと印刷 ボタンをクリックします。

(C) Ctrl キー＋ P キーを押します。Print の【P】と覚えます。

① プリンター名を確認。
② 必要な設定を行う。
③ ほかのページを表示する。
④ 印刷プレビューを拡大/縮小する。

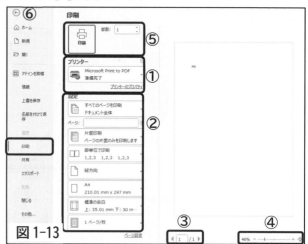

図1-13

印刷を実行するには

印刷枚数を指定して、印刷 ボタンをクリックします(図1-13⑤)。

印刷プレビューを閉じるには

戻る ボタンをクリックします(図1-13⑥)。

※ Esc キーを押しても元の画面に戻ります。

※ ウィンドウ右上の 閉じる ボタン ✕ をクリックすると、ファイルが閉じられてしまうので注意してください。

8　文字書式の変更

(A)【ホーム】▶【フォント】または【段落】にあるボタン　(B)ミニツールバー

ホームタブにあるボタンを利用するには(図1-14)

　文字列(Excelではセル)を選択し、**ホーム** タブの **フォント** グループや **段落**(Excelでは**配置**)グループから、必要なボタンをクリックします。

図1-14

　詳細な設定や、まとめて設定を行うには、**ダイアログボックス起動ツール** をクリックします(図1-13①)。

ミニツールバーを利用するには(図1-15)

　文字列を選択すると、右上に表示されます。Excelでは、セルを選択し、右クリックします。

図1-15

※　マウスをほかのところに移動すると、**ミニツールバー** が表示されなくなることがあります。その際は、右クリックするか、再度選択し直すと表示されます。

※　**ミニツールバー** を表示したくないときは、**Backstage ビュー** から、**オプション** ダイアログボックスを表示して(p.4参照)、**選択時にミニツールバーを表示する** のチェックを外します。

書式を解除するには

WordとPowerPointでは、**すべての書式をクリア** ボタンをクリックします(図1-14②)。
Excelでは、**ホーム** タブの **クリア－書式のクリア** を選択します。

9 コピーの方法

(A)【ホーム】▶【クリップボード】　(B)右クリック
(C) Ctrl キー＋ C キー ⇒ Ctrl キー＋ V キー

文字列や図などをコピーするには(図1-16)

文字列(Excelではセル)または図を選択し、次のどれかを実行します。
　(A)**コピー** ボタンをクリック(①)。
　(B)右クリックして **コピー** を選択。
　(C) Ctrl キー＋ C キー。

次に貼り付け先にカーソルを置き次のどれかを実行します。
　(A)**貼り付け** ボタンをクリック(②)。
　(B)右クリックして、貼り付けの左端のアイコンを選択。
　(C) Ctrl キー＋ V キー。

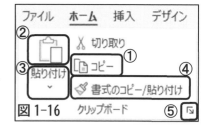
図1-16　クリップボード

貼り付けの形式を選択するには

次のどれかを実行します。
　(A)**貼り付け∨** ボタン(図1-15③)をクリックして選ぶ。
　(B)右クリックして、**貼り付けのオプション** から選ぶ。
　(C) Ctrl キー＋ V キーで貼り付け後、**貼り付けのオプション** ボタンから選ぶ(図1-17)。

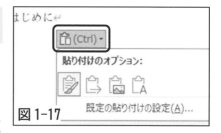
図1-17

文字列の書式をコピーするには

　文字またはセルを選択し、**書式のコピー/貼り付け** ボタンをクリックします(図1-16 ④)。
　マウスポインター [アイコン] を確認し、コピー先をドラッグします。Excel では [アイコン] を確認し、コピー先のセルをクリックまたはドラッグします。
　※ **書式のコピー/貼り付け** ボタンをダブルクリックすると、書式のコピーを連続して行うことができます。解除するには、同じボタンをクリックするか、 Esc キーを押します。

同じ文字列や図を繰り返し利用するには

　あらかじめ、**ダイアログボックス起動ツール**(図1-16 ⑤)をクリックしておきます。編集画面の左に **クリップボード** 作業ウィンドウが表示され、以前のデータを繰り返し利用することができるようになります(図1-18)。

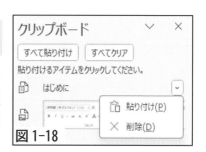
図1-18

Word

Chapter 0
Word とは何か

0-1 Word とは何か

文書を効率的に作成するためのアプリケーションソフト

　Word は、文書を効率的に作成するために特化されたアプリです。日常的に利用し、普段から操作に慣れていることが大切で、利用しやすい設定も知っておく必要があります。

オプション設定

① **ファイル** タブから **オプション** をクリック。

② **文章校正** を選択し、**オートコレクトのオプション** ボタンをクリック(図0-1)。

図0-1

③ **オートコレクト** タブのおすすめ設定は図0-2。
英文入力をしない場合、チェックを外したほうが使いやすいです。逆に英文入力をする時にはチェックを付けましょう。

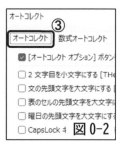
図0-2

④ **入力オートフォーマット** タブのおすすめ設定は図0-3。初期状態は図0-4。

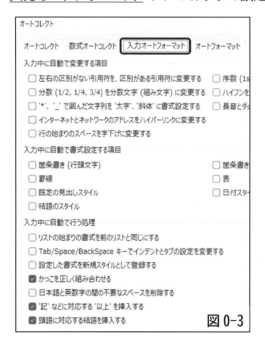
図0-3

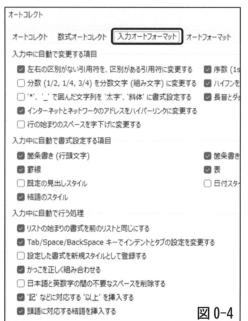
図0-4

既定の文書

　現在の Word の既定では、A4 サイズ・縦書き・游明朝・11pt・行数 36 の用紙が 1 枚表示されます。文字などが増えれば、自動的にページが増えます。
　ところが、実際は 36 行にはならず、17 行しか表示されません。これは、行間が倍数の 1.08pt、段落後の間隔が 8pt、フォントサイズが 11pt になっているからです。
　これではきちんとした文書は作成できません。不都合のない文書テンプレートを作成しておきましょう。テンプレートを作成するには、Word の標準テンプレートを変更する方法と、個人のテンプレートとして作成する方法があります。今後、標準テンプレートが更新される可能性があることを考慮して、個人のテンプレートを作成する方法を説明します。

個人のテンプレートを作成する方法

(1) **新規** の **白紙の文書** を開き、次の順序で行う。

(2) 初めに、名前を付けて保存する。
　保存先は **ドキュメント** の **Office のカスタム テンプレート** フォルダー、**ファイルの種類** は **Word テンプレート(*.dotx)** とする。ファイル名は「マイテンプレート」などのようにテンプレートであることがわかることと、自分がわかりやすい名前がよい。

(3) テーマ関係を直す。
　① **デザイン** タブ－**フォント** ボタンから **Office2007 – 2010** を選択する。
　② **デザイン** タブの **配色** ボタンから **Office2007 – 2010** を選択する（ **Office2013 – 2022** を選んでもよい）。

(4) フォント関係を直す。
　ホーム タブ－**フォント** グループの 🔲 をクリックして、**フォント** ダイアログボックスを開く。
　① **詳細設定** タブで、OpenType の機能の **合字** を「なし」にする。
　② **フォント** タブで、サイズを「10.5」にして **既定に設定** ボタンをクリックする。
　③ **マイテンプレート.dotx テンプレートを使用したすべての文書** を選択して **OK** する。

(5) 段落関係を直す。
　ホームタブ－**段落** グループの 🔲 をクリックして、**段落** ダイアログボックスを開く。
　① **タブ設定** ボタンをクリックして、**既定値** を「4 字」にして、**OK** をクリックする。
　② 再度、**段落** ダイアログボックスを開き、**インデントと行間隔** タブで、全般の **配置** を「両端揃え」、間隔の **段落後** を「0pt」、**行間** を「1 行」にして、**既定に設定** ボタンをクリック。
　③ **マイテンプレート.dotx テンプレートを使用したすべての文書** を選択して **OK** する。

(6) スタイル関係を直す。
　① **ホーム** タブの **スタイル** で該当するスタイルを右クリックして、**変更** をクリックする。
　② **スタイルの変更** ダイアログボックスの **書式▼** ボタンから次の表の設定を行う。

各ダイアログボックスでは **OK** で閉じ、設定後の **スタイルの変更** ダイアログボックスでは、**このテンプレートを使用した新規文書** を選択して、**OK** で閉じる。

スタイル名	フォント	段落
表題	【フォント タブ】**サイズ**：「16」 【詳細設定 タブ】**文字間隔**：「標準」、**カーニングを行う**：「1」ポイント以上の文字	【インデントと行間隔タブ】：**間隔** の**段落前**：「12pt」、**段落後**：「6pt」、**同じスタイルの場合は段落間にスペースを追加しない** のチェックを外す。 ※必要であれば**アウトラインレベル** を「レベル1」にしてもよい。
副題	【フォント タブ】**サイズ**：「12」、**フォントの色**：「自動」 【詳細設定 タブ】**文字間隔**：「標準」	※必要であれば**アウトラインレベル** を「レベル2」にしてもよい。
見出し1	【フォント タブ】**サイズ**：「12」、**フォントの色**：「自動」	【改ページと改行タブ】：**改ページ時 1 行残して段落を区切らない、次の段落と分離しない** にチェックを付ける。 【インデントと行間隔タブ】：**間隔**で、**段落前** と**段落後**を「0」にする。
見出し2	【フォント タブ】**サイズ**：「10.5」、**フォントの色**：「自動」	見出し1と同じ設定

※見出し3以下は、ここでは省略します。本書のサポートページでは、見出し4まで設定してあるカスタムテンプレートをダウンロードできます。

(7)上書き保存して閉じる。

個人のテンプレートを使用する方法

【A法】作成したテンプレートをダブルクリックするだけで使えます。
【B法】Word の起動画面に表示する場合は次のようにします。
　　　最初だけ次のように開きます。
　　　①Word の起動画面で、**その他のテンプレート** をクリックする(図 0-5)。
　　　②**個人用** をクリックする(図 0-6)。
　　　③自分が作成したテンプレートをクリックする(図 0-6)。

図 0-5

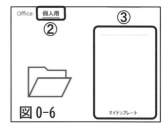
図 0-6

　　　2 回目以降は、Word の起動画面で **白紙の文書** の右に自分が作成したテンプレートが表示されるので、クリックするだけで使えるようになります。
　※②の**個人用** が表示されていない場合は、本書のサポートページをご参照ください。

Word

Chapter 1
Wordの基本と入力

1　Wordの画面

通常は、印刷レイアウトでルーラーを表示しておく

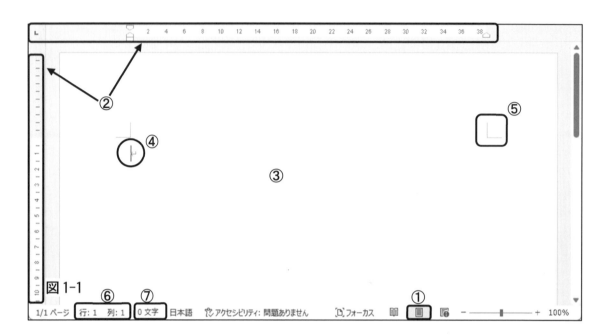

図 1-1

① **印刷レイアウト表示** ボタン

② **ルーラー**（余白・インデント・タブの設定に必要。初期には表示されていないので、**表示** タブの **ルーラー** にチェックを付けておく）

③ **編集画面**（印刷レイアウトの編集画面）

④ **カーソル**（文字を入力する位置）

⑤ **余白位置を示すマーク**（ページの四隅にある。これより内側が文字入力できる範囲。これより外側が余白となる。Word のオプションでは「裁ちトンボ」と表示されているが、これは間違った表現）

⑥ **カーソルの位置を示す表示**（初期には表示されていないので、ステータスバーを右クリックして、**行番号・列番号** にチェックを付ける）

⑦ **文字数の表示**（初期には **単語** となっている。ステータスバーを右クリックして、**文字カウント** をクリックしてチェックを外し、**文字のカウント(スペースを含む)** をクリックしてチェックを付ける）

2　[段落記号]と[編集記号]

段落記号＝段落の区切りを意味する記号　編集記号＝編集に必要な記号

段落記号（図 1-2）

　Enter キーを押すと、改行（正しくは改段落）されて **段落記号** ↵ が表示されます。

　文字が入力されていなくても、**段落記号** が表示されていれば、Word では段落と扱われます。したがって、図 1-2 では、4 段落となります。

　段落記号 には、その段落の書式（情報）が含まれています。文末の **段落記号** には、その文書の書式が含まれています。

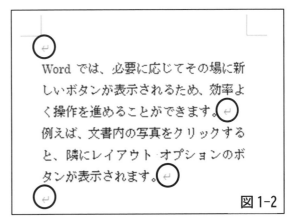

図 1-2

編集記号（図 1-3）

① タブ

② 空白（全角）

③ 任意指定の行区切り（本来の改行、Shift キー＋ Enter キーで挿入する）

④ **アンカー**（浮動配置された画像がどの段落に属しているかを表す）

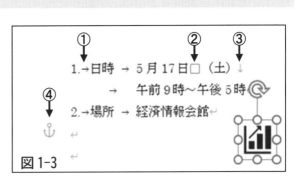

図 1-3

編集記号の表示切り替え（図 1-4）

　ホーム タブの **編集記号の表示/非表示** ボタンをクリックします。

　クリックするたびに表示と非表示が切り替わります。編集中は、必ず表示しておきましょう。

図 1-4　段落

3　文字や段落の選択

(A)ドラッグ　　(B)左余白でクリック　　(C) Ctrl キー / Shift キーを利用

マウスで選択するには(図1-5)

① 文字を選択するには、Ｉのポインタを確認して、文字をドラッグする。
文字上でダブルクリックすると、1つの単語を選択できる。

② 行を選択するには、左余白でクリックする。上下にドラッグすれば複数行を選択できる。

③ 段落を選択するには、左余白でダブルクリックする。

④ ブロックを選択するには、 Alt キーを押してからドラッグする。

⑤ 文書全体を選択するには、左余白でトリプルクリックする。
Ctrl キー＋ A キーを押しても文書全体を選択できる。Allの【A】と覚える。

※ Ctrl キーを押しながらクリックやドラッグすると、離れた場所を選択できます。

図1-5

キーで選択するには

　選択範囲の始めにカーソルを置き、 Shift キーを押しながら方向キーを押します。行き過ぎた場合には、逆向きの方向キーを押します。
　なお、方向キーは、矢印キー・カーソルキーとも呼ばれます。

広い範囲を選択するには

　選択範囲の始めにカーソルを置き、選択範囲の終わりで Shift キーを押しながらクリックします。

4　フォントの選択

【ホーム】▶【フォントボックス】

テーマのフォント（図1-6）

　フォントボックスには、**テーマのフォント** があります。**レイアウト** タブにある **テーマ** を変更すると、このフォントも変更されてしまうので、これは使わないようにしてください。

等幅フォントとプロポーショナルフォント（図1-7）

　等幅フォントは、どんな文字種も1字の幅が同じですが、プロポーショナルフォント（フォント名に「P」が付くもの）では、文字の幅に合わせて表示され、空白なども幅が変わります。状況に応じて使い分けましょう。

フォントの行高（図1-8）

　フォントによって、必要とする行高が異なります。そのため、1ページに収められる行数も異なってきます。
　例えば、MS明朝とメイリオとでは、行高が倍くらい異なります。注意して使いましょう。

Column　フォントの埋め込み

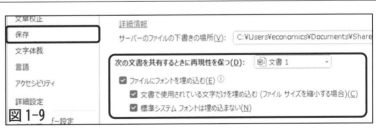
図1-9

　ファイルをほかのPCで開くとき、同じフォントが入っていないときちんと表示できません。どのPCで見ても同じフォントにしたいときは、フォントを埋め込んでください。**Wordのオプション** の **保存** パネルで、**ファイルにフォントを埋め込む** にチェックを付けます（図1-9）。

5　カーソルの位置

(A)ステータスバーで確認　(B)行番号を表示して確認

ステータスバーで位置を確認するには

　ステータスバーを右クリックし、表示されたメニューの上部にある <u>行番号</u> と <u>列</u> をクリックしてチェックを付けます(図1-10)。

　ステータスバーに、カーソルを置いたところの位置が表示されるようになります(図1-11)。

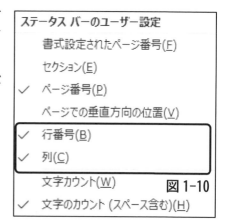

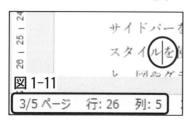

行番号を表示して位置を確認するには

　<u>レイアウト</u> タブ−<u>行番号</u>∨ −<u>ページごとに振り直し</u> を選択します(図1-12)。

　左余白に行番号が表示されました(図1-13)。

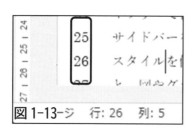

※「連続番号」にすると、文書全体に通し番号が振られます。

※ この行番号は印刷されます。印刷したくない場合は、行番号を「なし」にしてください。

6 文字数のカウント

ステータスバーで確認

文書全体の文字数を簡単に知るには(図 1-14)

ステータスバーで確認します。
※ ステータスバーで、**文字** ではなくて、**単語** と表示される場合は、このページの Column を参照してください。

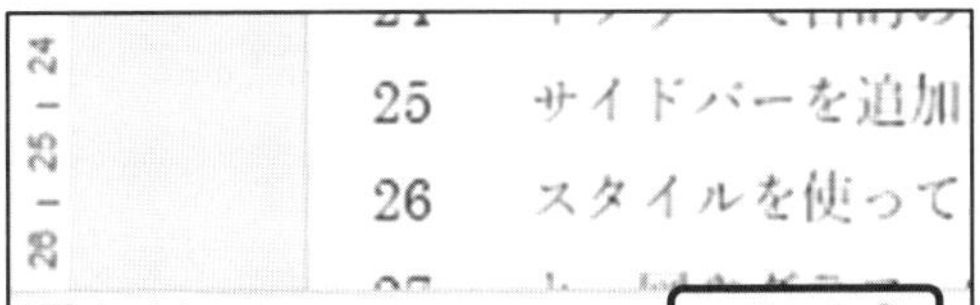

図 1-14

選択した部分の文字数を知るには(図 1-15)

文章を選択したら、ステータスバーで確認します。文書全体のうちのどれくらいかが表示されます。

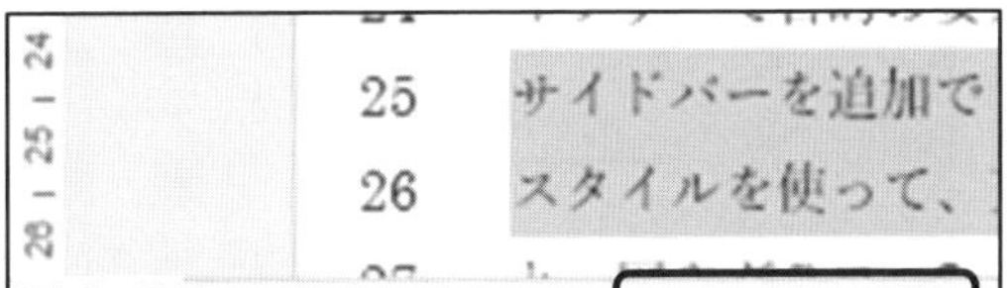

図 1-15

文字数の詳細を知るには

ステータスバーの文字数が書かれている場所をクリックすると(図 1-14・15 の囲み部分)、**文字カウント** ダイアログボックスが表示されます(図 1-16)。そこで詳細を確認できます。文書中の英単語は 1 単語として数えられます。

図 1-16

Column ステータスバーで、単語 と表示されている場合

ステータスバーで、**文字** ではなくて、**単語** と表示されている場合は、p. 20 の図 1-10 を参照して、**文字カウント** のチェックを外し、**文字のカウント(スペース含む)** にチェックを付けてください。

英文の場合は、**文字カウント** にチェックを付けておきましょう。

7　効率の良い入力
IMEの機能を利用

読みがわからない漢字を入力するには

画面右下の通知領域に表示されている **IME** アイコン「あ」を右クリックして、**IME パッド** を選択します（図1-17①）。

手書き をクリックし、マウスで文字を書きます。候補の漢字が表示されるので、挿入する文字をクリックします。マウスでポイントすると読みも表示されます（図1-18）。

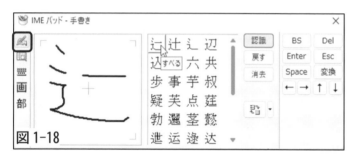
図1-18

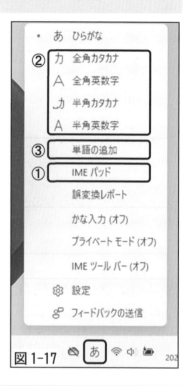
図1-17

※ うまく表示されなかったら、いったん消去して書き直します。
※ **総画数** 画 や **部首** 部 をクリックして探すこともできます（図1-18）。

入力モードを固定するには

図1-17の②の中から選択します。**IME** アイコン「あ」が、指定したアイコンに変更されたのを確認してから入力します。

通常の入力に戻すには、**IME** アイコンを右クリックして、「ひらがな」をクリックします。

※ なお、ここで説明した IME の機能は、Word の機能ではなく、Windows の機能です。

Column　入力すると既に入力してあった文字が消えてしまう

文字を挿入したつもりが消えてしまうことがあります。これは、上書きモードになったためです。キーボードの Insert キー（ Ins と表示されていることもあります）を押すと元の挿入モードに直ります。 Delete キーや Backspace キー（ BS と表示されていることもあります）のすぐそばにあるので、うっかり触れてしまうことが原因です。

8　よく使う言葉の登録

(A) IME の辞書に登録　(B) クイックパーツに登録

　よく使う言葉は、IME の辞書に登録しましょう。Word だけでなくほかのアプリでも利用できます。書式や図も含めて登録するには **クイックパーツ** が適しています。

よく使う言葉を辞書登録するには

　画面右下の通知領域に表示されている **IME** アイコン「あ」を右クリックして、**単語の追加** を選択します（p.22 の図 1-17③）。

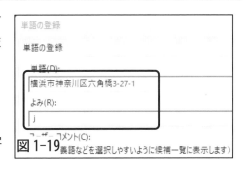
図 1-19

　よく使う言葉と簡単な読みを入力して（図 1-19）、**登録** ボタンをクリックして、閉じます。

　これでその読みを入力して変換すると、その文字列が表示されるようになります。

書式や図も含めてクイックパーツに登録するには

① 図や書式も含めて選択し、**挿入** タブ – **クイックパーツ∨** から、**選択範囲をクイックパーツギャラリーに保存** をクリック（図 1-20①）。

② 登録する名前を入力して **OK** ボタンをクリック（図 1-21）。

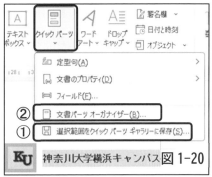
図 1-20

③ 文書に挿入するには、**クイックパーツ∨** から登録したパーツをクリック（図 1-22）。

※ 登録したパーツを削除するには、**クイックパーツ∨** からから **文書パーツオーガナイザー** を選択し（図 1-20②）、表示されたダイアログボックスから削除します。

※ Word を閉じるときに `Building Blocks.docx` を保存するか聞かれるので、**はい** をクリックしてください。

図 1-22

図 1-21

9　記号の入力

(A)読みを入力して変換　　(B)【挿入】▶【記号と特殊文字】▶【その他の記号】

読みを入力して変換するには

たとえば、「ゆうびん」と入力して変換します(図1-23①)。

そのほか、「まる」「さんかく」「しかく」「ほし」「おんぷ」などさまざまな言葉で変換できます。「きごう」と入力するとたくさんの記号が表示されます。

※　**環境依存**　と表示があるものは、Windows 以外のコンピュータでは表示されない恐れがあります。

※　変換候補が多い場合は、スペースキーを2回押してから Tab キーを押すと表示領域が広がって探しやすくなります。

※　アイコンから絵文字を挿入できます(図1-23②)。

図1-23

文字変換では表示されない記号を入力するには

① **挿入** タブ－**記号と特殊文字**∨ －**その他の記号** をクリック(図1-24①)。

② **種類** を選び、目的の記号をクリック(図1-25②)。

③ **挿入** ボタンをクリック、**閉じる** ボタンで閉じる(図1-25③)。

図1-24

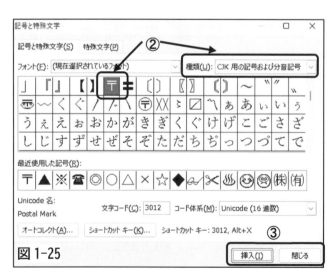

図1-25

10 累乗や分数の入力

(A)【ホーム】▶【上付き】　(B)【挿入】▶【数式】

X² を入力するには(図 1-26)

① 「X2」と入力して、「2」を選択。

② **ホーム** タブ－**上付き** ボタンをクリック。

※ **下付き** ボタンをクリックすると、「X₂」のようになります。

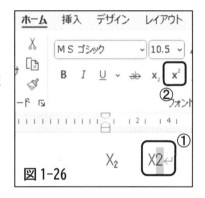

図 1-26

分数を入力するには

① **挿入** タブ－**数式の挿入** ボタンをクリック(図 1-27)。

② **数式** タブの **分数∨** から適切なスタイルを選択(図 1-28)。

③ 数字を入力(図 1-29)。

図 1-27 記号と特殊文字

※ あとから修正するには、挿入した分数をダブルクリックします。

※ **数式** タブからは、そのほかさまざまな数式を入力できます。

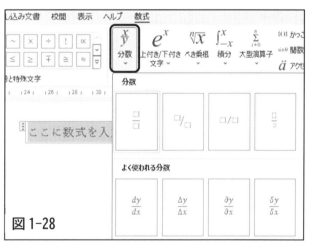

図 1-28

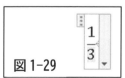

図 1-29

11　数式の入力

【挿入】▶【数式∨】から選ぶ

組み込みの数式を利用するには

挿入 タブの [数式] をクリックして選びます（図1-30①）。※ 参照

数式コンテンツコントロール 右端の **数式オプション** をクリックすると、メニューが表示されます。数式全体を選択するには、左にある [ ] をクリックします（図1-31）。

図1-30

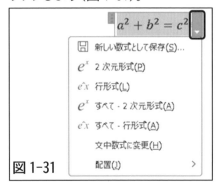

図1-31

※ [数式] が [π 数式 ∨] と表示されている場合は、∨ をクリックしてください。

手書きで入力するには

挿入 タブの [数式] から **インク数式** をクリックします（図1-30②）。

数式をマウスで書きます。入力項が多いほど正しく認識されます。入力する領域は自動で拡大されます（図1-32）。

図1-32

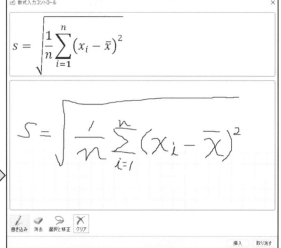

Word

Chapter 2
文字書式と段落書式

12　蛍光ペンと傍点

【ホーム】▶【フォントグループ】▶【蛍光ペンの色】/【フォントダイアログボックス】

蛍光ペンを使うには

① **ホーム** タブ－**蛍光ペンの色** の ▽ をクリックして、色を選ぶ(図2-1)。

② マウスポインター を確認して、文字をドラッグする(図2-2)。連続して使える。設定したところを再度ドラッグすると、消すことができる。

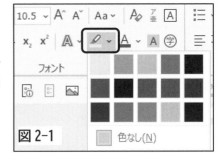

図2-1

図2-2　ミクロ経済学とマクロ経済学

※ 蛍光ペンモードを解除するには、Esc キーを押すか、再度 **蛍光ペンの色** ボタンをクリックします。

※ 文字列を選択してから、蛍光ペンを使うこともできます。その場合は1回限りになります。

蛍光ペンの色を消去するには

① **ホーム** タブ－**蛍光ペンの色** の ▽ をクリックして、**色なし** を選ぶ(図2-1)。

② マウスポインター を確認して、消去したい文字をドラッグする。

傍点を付けるには

① 文字列を選択してから、**ホーム** タブの **フォント** グループにある を クリックする。

② **フォント** タブにある **傍点** から「・」か「、」を選ぶ(図2-3)。

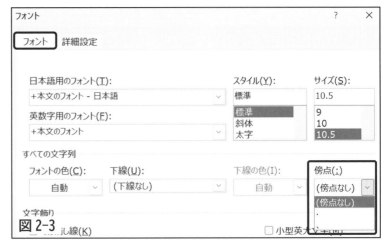

図2-3

13　ふりがな

【ホーム】▶【フォントグループ】▶【ルビ】

ふりがなを付けるには

① 文字列を選択して、**ホーム** タブ−**ルビ** ボタンをクリック(図 2-4)。

② **ルビ** ダイアログボックスでルビを確認して、**OK** ボタンをクリック(図 2-5)。

　※ ふりがなを付けると行高が変わります。調整するには、行間を固定値にして適切な間隔を指定します(p.40 行間隔を狭くするには を参照)。

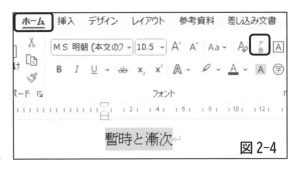

図 2-4

ふりがなを変更する/削除するには

　ふりがなを変更するには、**ルビ** ダイアログボックスで行います。読み方のほか配置やフォントなども変更できます(図 2-5)。

　ふりがなを削除するには、**ルビ** ダイアログボックスの **ルビの解除** ボタンをクリックします(図 2-5)。

　必要な操作が終わったら、**OK** ボタンをクリックして閉じます。

図 2-5

文書中の同じ文字列すべてにまとめてふりがなを付けるには

① 対象文字列を 1 つ選択してから、**ルビ** ダイアログボックスで、**すべて適用** ボタンをクリック(図 2-5)。ふりがなを付けるときのように複数の文字列には対応しないので注意が必要。

② **ルビの変更確認** ダイアログボックスで、**すべて変更** ボタンをクリック。1 つずつ確認しながら変更するには、**変更** ボタンをクリック。**次を検索** ボタンでは検索だけができる(図 2-6)。

図 2-6

14　全角/半角、大文字/小文字の変換

【ホーム】▶【フォントグループ】▶【文字種の変換】

全角文字を半角文字に変換するには（図2-7）

文字列または範囲を選択します。

ホーム タブ－**文字種の変換** ボタンをクリックして、**半角** を選択します。

※ 同様の操作で、他の文字種への変換ができます。

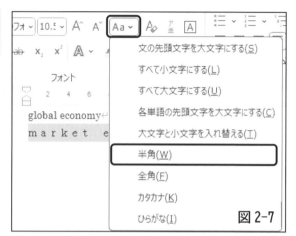

図 2-7

Column　文字種を変換する際の注意

カタカナが含まれた文書全体で全角を半角に変換するとき、選択した範囲によってはカタカナまでが半角に変換されてしまいます。次の手順で、カタカナを除いた全角の英数字と記号だけを半角に変換できます（図2-8）。

① F5 キーを押す。

② **検索** タブで、検索する文字列に［！-～］と入力する（！と～は全角、それ以外は半角）。数値だけを変換するには、半角で[0-9]と入力する。

③ **オプション** ボタンをクリックしてから、**検索方向** を **文書全体** にする。

図 2-8

④ **ワイルドカードを使用する** にチェックを付け、**検索する場所** で **メイン文書** を選択する。

⑤ 全角英数字と記号が選択されるので、文書上をクリックしてから、変換する。

15 文字間隔と文字位置の調整

【ホーム】▶【フォントグループ】▶ 🔽 ▶【詳細設定】

文字間隔を狭くするには

文字列を選択し、**ホーム** タブ－**フォント** グループの 🔽 をクリックして、**フォント** ダイアログボックスを表示します。

詳細設定 タブで、**文字間隔** を「狭く」し、プレビューで確認しながら、**間隔** を調整します（図2-9）。

※ この操作は、ひらがな・カタカナ・半角英数字などの微妙な調整を行うのに適しています。

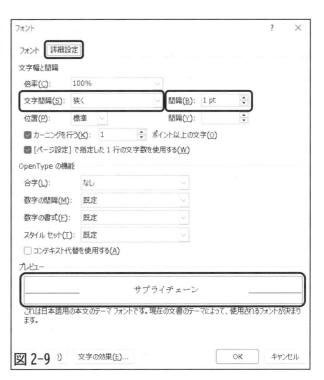

図 2-9

文字位置を調整するには

文字列を選択し、**ホーム** タブ－**フォント** グループの 🔽 をクリックして、**フォント** ダイアログボックスを表示します。

詳細設定 タブで、**位置** を「上げる」か「下げる」を選択し、プレビューで確認しながら **間隔** を調整します（図2-10）。

※ この操作は、特定の文字列だけのフォントサイズを変更した場合や、小さな図を行内で配置した場合に生じる、でこぼこした行の高さの調整に利用します。

図 2-10

16　文字列の配置変更

【ホーム】▶【段落グループ】▶【左揃え】/【中央揃え】/【右揃え】/【両端揃え】/【インデントを増やす】/【インデントを減らす】

左揃え/中央揃え/右揃えに設定するには/解除するには（図 2-11）

段落内にカーソルを置きます。

<u>ホーム</u> タブ－<u>段落</u> グループにある、それぞれのボタンをクリックします。

　①<u>左揃え</u>　②<u>中央揃え</u>　③<u>右揃え</u>　④<u>両端揃え</u>

再度クリックするか、<u>両端揃え</u> をクリックすると元に戻ります。

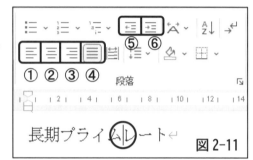

図 2-11

1 文字ずつ右や左に動かすには

段落内にカーソルを置きます。

<u>インデントを増やす</u> ボタン（図 2-11 ⑥）をクリックすると 1 文字分ずつ右に配置され、<u>インデントを減らす</u> ボタン（図 2-11 ⑤）をクリックすると 1 文字分ずつ左に戻ります。

※ 見出しなどが設定されている段落では、インデントではなくレベルが変更されるので注意してください。

Column　文字を選択しない理由

左右の配置は、段落全体で設定されます。そのため、文字を選択する必要がないのです。

Column　両端揃えと左揃え

両端揃えは、左右の余白に合わせて文字を配置するので、見た目の整った文書ができます。

左揃えは、フォントやフォントサイズ、空白、半角/全角、記号などによって文書の右余白が微妙にずれます。

通常は、両端揃えをおすすめします。

17　指定した範囲で文字を均等に配置

【ホーム】▶【段落グループ】▶【均等割り付け】

文字を均等に配置するには

① 文字列を選択。このとき、段落記号は含まないようにする(図2-12①)。

② **ホーム** タブ－**均等割り付け** ボタンをクリック(図2-12②)。

③ **新しい文字列の幅** を入力して、**OK** ボタンをクリック(図2-13)。

※ 均等割り付けされた文字をクリックすると、青い下線が引かれたのが確認できます(図2-14)。この下線は印刷されません。

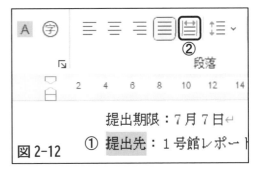

図 2-12

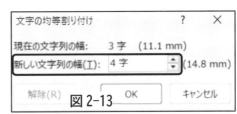

図 2-13

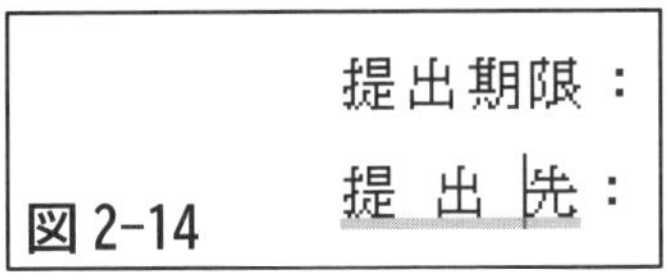

図 2-14

均等割り付けを解除するには

均等割り付けされた文字にカーソルを置き、**文字の均等割り付け** ダイアログボックスを表示して、**解除** ボタンをクリックします(図2-13)。

Column　文書の幅やセルの幅に合わせて均等割り付けを行う

段落記号を含めて文字を選択すると、**均等割り付け** ボタンをクリックするだけで、文書の幅に合わせて文字が均等割り付けされます。

表においては、セルを選択して **均等割り付け** ボタンをクリックするだけで、セルの幅に合わせて文字が均等割り付けされます。

18 箇条書きと段落番号

【ホーム】▶【段落グループ】▶【箇条書き】/【段落番号】

箇条書きでは同じ記号が行頭に付き、段落番号では連続した数字や文字が行頭に付きます。

箇条書きの記号や連続番号を付けるには

入力した段落を選択し、**ホーム** タブ－**箇条書き** / **段落番号** の ⌄ から選びます（図 2-15）。

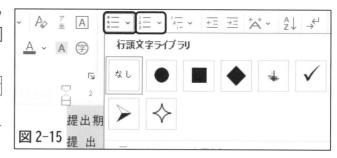

※ 設定した段落の末尾で Enter キーを押すと、追加できます。不要な場合、再度 Enter キーを押すと削除できます。

図 2-15

箇条書きや段落番号を解除するには

設定された段落を選択するかカーソルを置き、**箇条書き** ボタン / **段落番号** ボタンをクリックします。このボタンは、クリックするたびに設定と解除を繰り返します。

段落番号を途中から振り直すには

振り直したい行の上で右クリックし、**1 から再開** か、**番号の設定** を選択して任意の番号を指定します（図 2-16）。

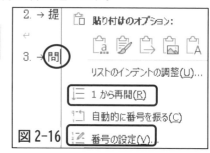

図 2-16

Column 自動設定された段落番号のスタイルを解除するには

自動設定された直後に、**オートコレクトのオプション** ボタンをクリックして、**元に戻す－段落番号の自動設定** を選択します（図 2-17）。
Backspace キーや Enter キーを押しても自動設定は解除されますが、はじめの行のタブ設定

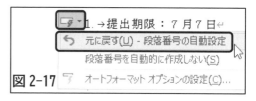

図 2-17

は戻りません。今後自動設定する必要がなければ、**段落番号を自動的に作成しない** を選択すると、オプションを外すことができます。

※ あらかじめ自動設定されないようにするには、p. 12 のオプション設定を行っておきましょう。

19 箇条書きや段落番号を新たに作成するには

【ホーム】▶【段落グループ】▶【箇条書き】/【段落番号】から定義

新しい箇条書きを作成するには

① **箇条書き** の ⌄ をクリックして、**新しい行頭文字の定義** を選択(図 2-18①②)。

② **記号** ボタンをクリックして記号を選ぶ(図 2-19)。

※ 不要になったら、**行頭文字ライブラリ** で右クリックして削除できます(図 2-18③)。

図 2-18

図 2-19

新しい段落番号を作成するには

① **段落番号** の ⌄ をクリックして、**新しい番号書式の定義** を選択(図 2-20①②)。

② **番号の種類** を選び、**番号書式** を設定。プレビューで確認してよければ、**OK** する(図 2-21①②③)。

※ 不要になったら、箇条書きと同様に、**番号ライブラリ** で右クリックして削除できます。Word を再起動すると削除を確認できます。

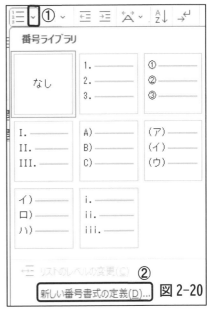

図 2-20

図 2-21

20　行頭や英数字前後のスペースの削除

【ホーム】▶【段落グループ】▶ 🔲 ▶【段落ダイアログボックス】▶【体裁タブ】

行頭や英数字前後のスペースに関する自動調整

　Wordでは、行頭に括弧が配置されると行頭が少し空きます。また、文中の数字と日本語、英字と日本語では、1/4 程度のスペースが空きます（図2-22）。

　これをなくしたい場合には、文字を入力する前か、文書全体を選択するか、必要な範囲を選択するか、のどれかで、ホーム タブ-段落 グループの 🔲 をクリックして（図2-22）表示される、段落ダイアログボックスで調整します。

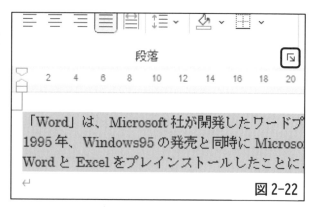

図 2-22

行頭のスペースを削除するには

　体裁 タブの 行頭の記号を 1/2 の幅にする にチェックを付けます（図2-23①）。

英数字前後のスペースを削除するには

　体裁 タブの 日本語と英字の間隔を自動調整する と 日本語と数字の間隔を自動調整する のチェックを外します（図2-23②）。

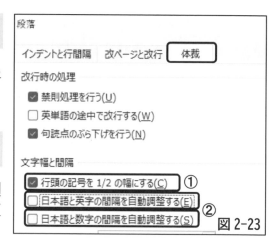

図 2-23

調整した結果

　行頭が揃い、数字と日本語、英字と日本語の微妙なスペースを削除できました（図2-24）。

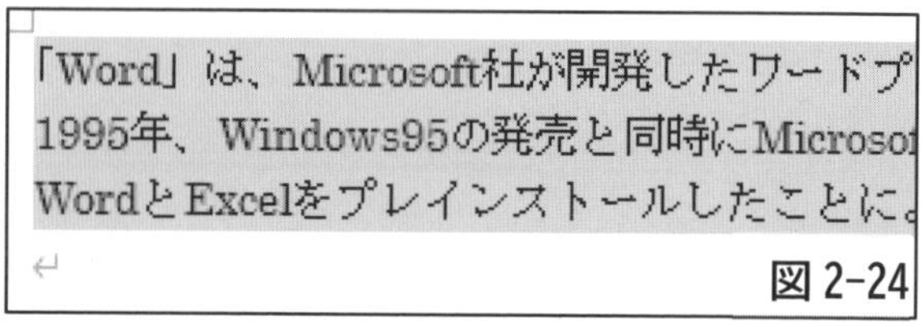

図 2-24

21　文字の位置を揃える

Tab キー

文字の位置を揃えるには

揃えたい位置にカーソルを置き、Tab キーを押します（図 2-25）。

※ Tab キーを押すたびに 4 文字ずつ移動します。ルーラー上の 4 の倍数が目安です。

※ → の記号は、Tab キーで配置したことを表します。この記号は編集記号を表示しないと、表示されません（p.17　編集記号の表示切り替え　を参照のこと）。

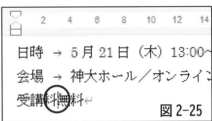

図 2-25

位置揃えを解除するには

タブ記号（→）を削除します。

位置を変えるには

位置揃えをした行を選択し、水平ルーラー上でクリックします（図 2-26）。

ルーラー上に **左揃えタブ** ⌊ が表示され、タブ位置が変わります（図 2-27）。

※ ⌊ は、ドラッグして位置を変更できます。

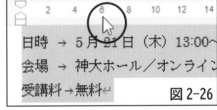

図 2-26

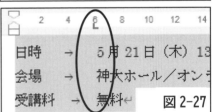

図 2-27

設定した位置を解除するには

左揃えタブ ⌊ をルーラーの外にドラッグして消去します。

または、**ホーム** タブ－**段落** グループの ⌟ をクリックして **段落** ダイアログボックスを表示します。下部にある **タブ設定** ボタンをクリックして表示される **タブとリーダー** ダイアログボックスで、解除したい **タブの位置** を選択して、**クリア** ボタンをクリックします（図 2-28）。

図 2-28

22　ページ余白の変更

(A)【ルーラー】　(B)【ページ設定ダイアログボックス】▶【余白】

左右の余白を変えるには

　水平ルーラー の左にあるマーカー上でマウスポインターを合わせ、**左余白** の吹き出しが表示されたら、左右にドラッグします(図2-29)。
　水平ルーラー の右にあるマーカー上でマウスポインターを合わせ、**右余白** の吹き出しが表示されたら、左右にドラッグします(図2-30)。

上下の余白を変えるには

　垂直ルーラー の上下で、**上余白** または、**下余白** の吹き出しが表示されたら、上下にドラッグします(図2-31、図2-32)。

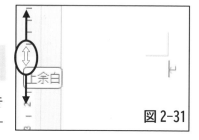

余白を数値で指定するには

　レイアウト タブ−**ページ設定** グループにある 🔲 をクリックするか、**水平ルーラー** の左右の何もないところでダブルクリックします。
　ページ設定 ダイアログボックスの **余白** タブで、数値を変更します(図2-33)。

23　行頭/行末の空きの変更

【水平ルーラー】▶ マーカー

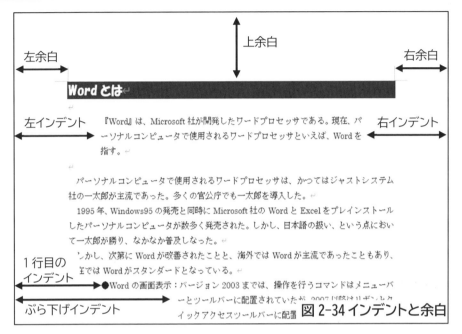

図 2-34 インデントと余白

1 行目のインデントを変えるには（図 2-35）

段落にカーソルを置いて、▽ にマウスポインターを合わせて
<u>1 行目のインデント</u> の吹き出しが表示されたらドラッグします。

図 2-35

段落の 2 行目以降のインデントを変えるには（図 2-36）

段落にカーソルを置いて、△ にマウスポインターを合わせて
<u>ぶら下げインデント</u> の吹き出しが表示されたらドラッグします。

図 2-36

左のインデントを変えるには（図 2-37）

段落にカーソルを置いて、□ にマウスポインターを合わせて
<u>左インデント</u> の吹き出しが表示されたら、ドラッグします。

図 2-37

右のインデントを変えるには（図 2-38）

段落にカーソルを置いて、△ にマウスポインターを合わせて
<u>右インデント</u> の吹き出しが表示されたら、ドラッグします。

図 2-38

※数値で指定するには、p.40 Column インデントを数値で設定するには を参照してください。

24　行間隔の調整

【ホーム】▶【段落グループ】▶【行と段落の間隔】

行の間隔を変えるには

段落を選択するかカーソルを置き、**ホーム** タブ-**行と段落の間隔**∨ から選択します（図2-39）。

段落前後の間隔を変えるには

段落にカーソルを置き、**段落前に間隔を追加** か、**段落後に間隔を追加** を選択します（図2-39）。
解除するには、「追加」の文字が「削除」に変わっているのでそれをクリックします。

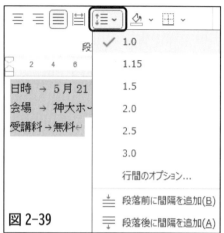

図2-39

行間隔を狭くするには

段落にカーソルを置き、**行間のオプション** をクリックするか（図2-39）、**段落** グループにある 🔽 をクリックします。

段落 ダイアログボックスの **インデントと行間隔** タブで、**1ページの行数を指定時に文字を行グリッド線に合わせる** のチェックを外します。もっと狭くするには、**行間** を **固定値** にして、間隔を指定します（図2-40）。

※　ふりがなを表示した行を調整するには、**行間** で **固定値** を選択して、間隔を指定します。

図2-40

※　**倍数** にすると、現在の行間に対しての比率で指定できます。

Column　インデントを数値で設定するには（図2-40）

段落 ダイアログボックスでは、インデントを数値で設定できます。**1行目のインデント・ぶら下げインデント** は、**最初の行** の **(なし)** ∨ から **字下げ・ぶら下げ** を選んで幅を指定します。

Word

Chapter 3
ページ書式と印刷

25　用紙・余白・文字数などの設定

【レイアウト】▶【ページ設定グループ】

簡単に設定するには（図3-1）

　レイアウト タブ－**ページ設定** グループから行います。

① **サイズ∨** から用紙サイズを選択。

② **印刷の向き∨** から用紙の方向を指定。

③ **余白∨** から余白の空き具合を指定。

④ **文字列の方向∨** から縦書き横書きを変更。

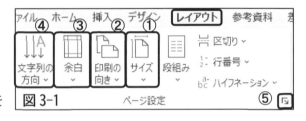

図3-1

文字数、行数を指定するには

　ページ設定 グループの 🔲 をクリックするか（図3-1⑤）、水平ルーラーの何もないところで、ダブルクリックします。

　文字数と行数 タブで、**文字数と行数を指定する** をクリックしてから、**文字数**と**行数** を指定します（図3-2）。

【注意】Wordの既定のままだと、ここで変更しても思った結果が得られません。
p.13 で作成したテンプレートを利用しているときに使うようにしてください。

まとめて設定するには

　ページ設定 ダイアログボックスで、**用紙** タブ→**余白** タブ→**文字数と行数** タブの順に設定します（図3-2）。

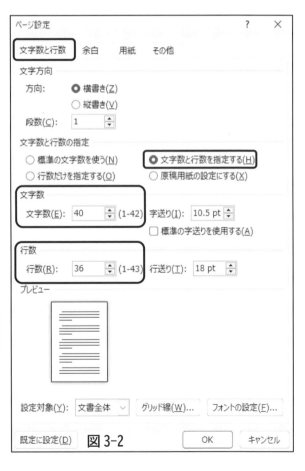

図3-2

26　任意の位置でのページ変更とページ設定の変更

【レイアウト】▶【ページ設定グループ】▶【区切り】

任意の位置でページを変えるには（改ページ）

① 区切りたい場所にカーソルを置く。

② **レイアウト** タブ－**区切り**∨ をクリックして、**ページ区切り** の項目から、**改ページ** をクリック(図 3-3)。

※ Ctrl キーを押しながら Enter キーを押しても改ページできます。

任意の位置でページ設定を変えるには（セクション区切り）

① 区切りたい場所にカーソルを置く。

② **レイアウト** タブ－**区切り**∨ をクリックして、**セクション区切り** の項目から、目的に合ったものを選択(図 3-3)。

※ セクションを区切ることで、セクションごとにヘッダー/フッターの内容やページ設定を変えることができます。

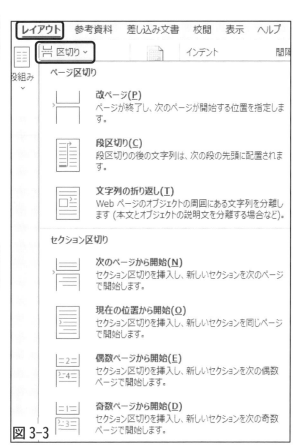

図 3-3

Column 段区切りと文字列の折り返し

段区切り は、段組み内で各段の先頭を揃えるのに使います。

文字列の折り返し は、任意指定の行区切りと同じ動作となり、段落内で改行する場合に使います。Shift キーを押しながら Enter キーを押すと簡単です。

27　ヘッダー/フッターの表示

ヘッダー領域/フッター領域をダブルクリック

※　ここでは、ヘッダーで解説していますが、フッターの操作も同様です。

ヘッダーを挿入するには

① ヘッダー領域（文書の上余白）をダブルクリック。

② 必要な文字を入力。Tab キーを押すと中央揃え、もう一度押すと右揃えになる（図 3-4）。

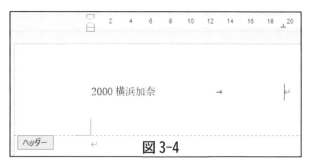

図 3-4

※ **挿入** タブ－**ヘッダー**∨ ボタンから選択する方法もあります。**空白（3 か所）** を選んだ場合、使わなかった ［**ここに入力**］ という文字は削除してください。印刷されてしまいます。

ページ番号を表示するには

ヘッダー領域を表示した状態で、**ヘッダーとフッター** タブの **ページ番号**∨ をクリックして適切なものを選びます（図 3-5）。

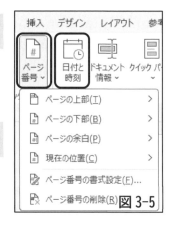

図 3-5

日付を自動表示するには

① ヘッダー領域を表示した状態で、**ヘッダーとフッター** タブの **日付と時刻** をクリック（図 3-5）。

② **日付と時刻** ダイアログボックスで、言語、カレンダーの種類、表示形式を選択して **OK** をクリック（図 3-6）。

※ ［自動的に更新する］にチェックを付けると、ファイルを開くときに自動で日付が変わります。

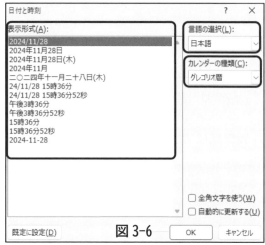

図 3-6

本文の編集とヘッダーの編集を切り替えるには

本文領域とヘッダー領域のどちらかをダブルクリックします。

28 ヘッダー/フッターの変更

【ヘッダーとフッター】タブ

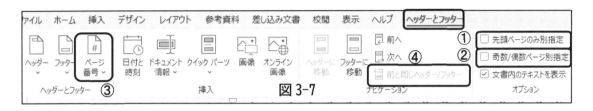

図 3-7

先頭ページだけを変えるには

先頭ページのみ別指定 にチェックを付けます（図 3-7①）。

奇数ページ、偶数ページで変えるには

奇数/偶数ページ別指定 にチェックを付けます（図 3-7②）。

見出しごとにページ番号を変えるには

① 見出しごとにセクション区切りを挿入しておく（p. 43 参照）。

② ページ番号を挿入しておく（p. 44 参照）。

③ **ページ番号∨－ページ番号の書式設定** をクリック（図 3-7③）、

④ 開始番号を指定（図 3-8）。

⑤ 手順の③と④をセクションごとに繰り返す。

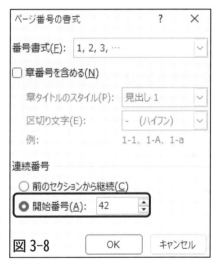

図 3-8

任意のページからページ番号を表示するには

① 任意のページの先頭にカーソルを置き、**セクション区切り（現在の位置から開始）** を挿入しておく（p. 43 参照）。

② そのページでヘッダー領域を表示し、**前と同じヘッダー/フッター** ボタンをクリックしてオフにする（図 3-7④）。フッター領域も同様にオフにする。

③ ページ番号を挿入し、開始番号を指定する（図 3-8）。

29 ヘッダーに見出しを表示

【ヘッダーとフッター】▶【ドキュメント情報】▶【フィールド】

ヘッダーに見出しを表示するには、フィールドの機能を利用します。また、あらかじめ、章ごとにセクション区切りをしておく必要があります。

フィールドを表示するには

ヘッダー領域を表示し、**ヘッダーとフッター** タブの **ドキュメント情報∨ - フィールド** を選択して（図 3-9）、**フィールド** ダイアログボックスを表示します。

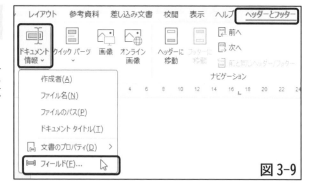

図 3-9

見出しの番号と文字列を表示するには

① **分類** で「リンクと参照」を、**フィールドの名前** で「StyleRef」を、**スタイル名** で表示したい見出しを選択（図 3-10①）。

② 「段落番号の挿入」にチェックを付けて（図 3-10②）、**OK** をクリック。いったん **フィールド** ダイアログボックスを閉じる。

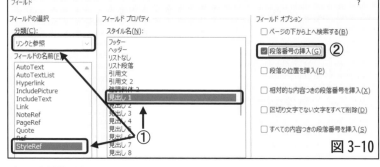

図 3-10

③ スペースを入れてから、再度 **フィールド** ダイアログボックスを表示して、手順①を繰り返す。

④ 「段落番号の挿入」にはチェックを付けずに、**OK** をクリック。図 3-11 のようになる。

図 3-11

Column　ヘッダーにファイル名や作成者を自動表示するには

ヘッダーとフッター タブの **ドキュメント情報∨** から、ファイル名や作成者名を表示することができます（図 3-9）。

30　ヘッダーやフッターの登録

【ヘッダーとフッター】▶【クイックパーツ】▶【選択範囲をクイックパーツギャラリーに保存】

※ ここでは、ヘッダーで解説していますが、フッターの操作も同様です。

ヘッダーを保存するには

① ヘッダー領域を表示し、設定したいヘッダー全体を選択（図 3-12①）。

② **ヘッダーとフッター** タブの **クイックパーツ∨ －選択範囲をクイックパーツギャラリーに保存** をクリック（図 3-12②）。

③ 任意の名前を入力して、**OK** をクリック（図 3-13）。

図 3-12

図 3-13

保存したヘッダーを使うには

ヘッダー領域を表示し、**クイックパーツ**をクリックすると、保存したヘッダーが表示されるので、クリックします（図 3-14）。

ここではエラーの表示が見えていますが、適用するときちんと見出しの書式が反映されます（図 3-15）。

※ 見出しの設定がされていない場合は、エラーのままになります。

図 3-14

図 3-15

※ Word を閉じるときに、「Building Blocks.docx」について聞かれたら、保存してください。ほかの文書でも使えます。

31 印刷の設定

【ファイル】▶【印刷】

ファイル タブ-印刷 をクリックするか、Ctrl キーを押しながら P キーを押して、印刷のBackstageビューを表示します(図3-16)。

指定した範囲を印刷するには

あらかじめ範囲選択しておきます。
①の すべてのページを印刷 をクリックして、選択した部分を印刷 を選択します。

指定したページを印刷するには

②の ページ のボックスで、ページ番号を半角数字で入力します。
連続したページはハイフンでつなぎ、連続していないページはカンマで区切ります。
(例) 1-3, 6, 8

両面印刷するには

③の 片面印刷 をクリックして、両面印刷 を選びます。

印刷順序を指定するには

④の 部単位で印刷 をクリックして、順序を指定します。

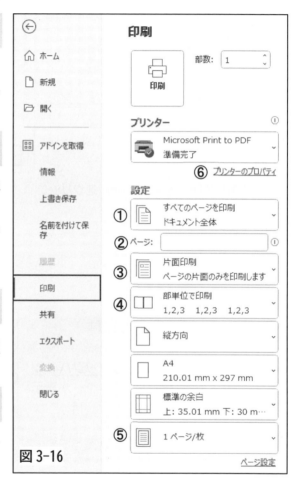

図3-16

1枚の用紙に複数ページを印刷するには

⑤の 1ページ/枚 をクリックして、適切なものを選択します。

拡大・縮小印刷するには

⑤の 1ページ/枚-用紙サイズの設定 から印刷する用紙を選ぶか、⑥の プリンターのプロパティ をクリックして、接続しているプリンターのプロパティから設定してください。

Word

Chapter 4
長文の作成

32　文章校正と表記ゆれチェック

(A)【校閲】▶【文章校正グループ】▶【スペルチェックと文章校正】　(B) F7 キー

　文章中に表示される赤と青の下線は、文章校正の対象であることを示しています。Word の文章校正では、表現の推敲、スペルチェック、誤りのチェック、表記ゆれチェックなどが行われますが、漢字の間違いはチェックされません。

実行前に設定を確認するには

　ファイル タブ－**オプション** の **文章校正** パネルで、文書のスタイルから、校正のレベルを選びます。**設定** ボタンから細かい設定ができます（図 4-1）。

図 4-1

文章校正を実行するには

① 文頭にカーソルを置き、F7 キーを押して、**文章校正** 作業ウィンドウを表示。

② 修正候補の一覧が表示されたら、適切なものを選ぶ（図4-2）。

③ なければ本文中で直接修正する（図 4-3）。修正が終わったら、下部にある **再開** ボタンをクリック。

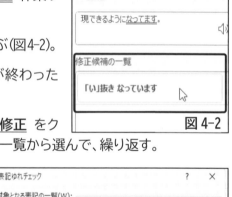
図 4-2

④ 表記ゆれチェックでは、修正候補を選んで、**すべて修正** をクリック（図 4-4）。複数の表記ゆれがある場合は、表記の一覧から選んで、繰り返す。

⑤ 終了すると完了のメッセージが表示される。

　※ 赤と青の下線は修正すると消えますが、修正しなかった場合でも、赤と青の下線が印刷されることはありません。

　※ Microsoft365 では、エディターが表示されますが、基本的な使い方は変わりません。

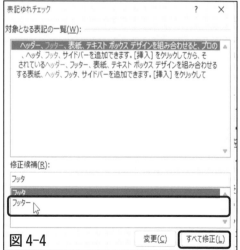
図 4-3　　図 4-4

33　文字列の検索と置換

(A)【ホーム】▶【編集グループ】▶【検索】　(B)【ホーム】▶【編集グループ】▶【置換】

文字列を検索するには

　文頭にカーソルを置き、**ホーム** タブ－**検索** をクリックするか(図4-5)、Ctrl + F キーを押して、**ナビゲーションウィンドウ** を表示します。

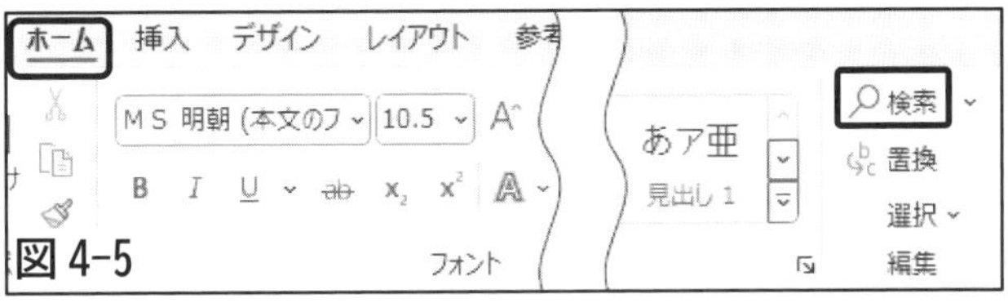

図4-5

① 検索ボックスに、検索する文字列を入力(図4-6①)。

② 文書上の該当する文字列にマーカーが付く(図4-6②)。

③ 検索結果をクリックすると、その個所へジャンプする(図4-6③)。

④ 検索結果をクリアするには、× をクリック(図4-6④)。

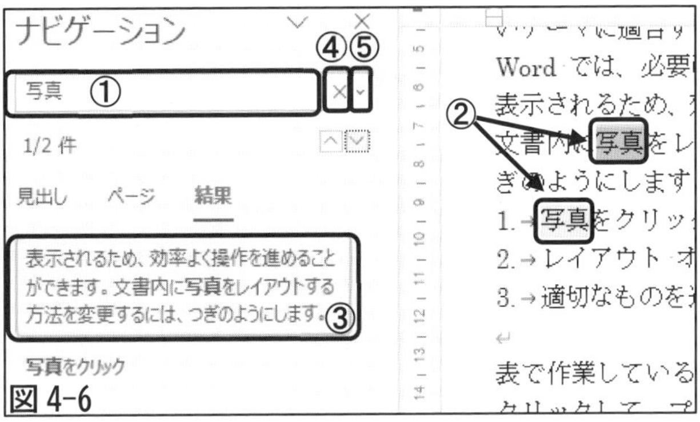

図4-6

⑤ 高度な検索を行うには、⌄ から、**高度な検索** を選択する(図4-6⑤)。**検索** ボタンの ⌄ をクリック(図4-5)するか、F5 キーを押してもよい。図4-7 の **検索** タブから行える。

ほかの文字列に置き換えるには

　文頭にカーソルを置いて、**置換** ボタンをクリックするか(図4-5)、Ctrl + H キーを押します。F5 キーを押しても構いません。

① 検索する文字列と置換後の文字列を入力(図4-7①)。

② **置換** ボタンをクリックして、確認しながら置き換える。
すべて置換 ボタンをクリックすると、一気に置き換えることができる(図4-7②)。

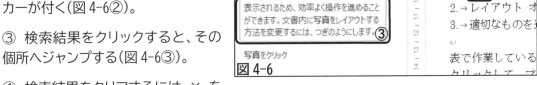

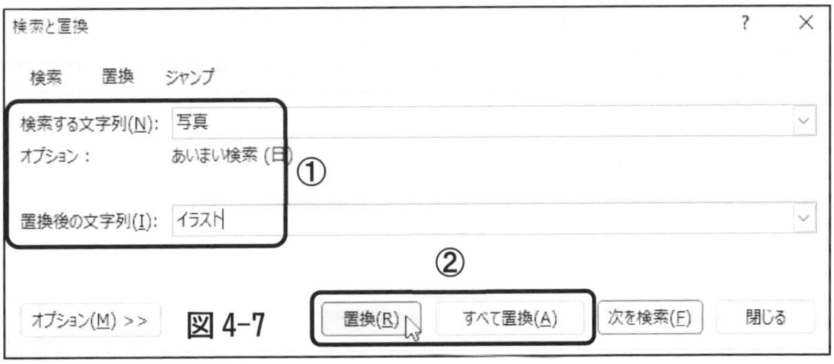

図4-7

34　文書全体の書式を統一

【ホーム】▶【スタイルグループ】

既定のスタイルを適用するには

図 4-8

　文字列を選択し、**ホーム** タブの **スタイルギャラリー** から適切なものを選択します（図 4-8）。
　同じスタイルを適用することで統一がとれます。

適用したスタイルを解除するには

適用した文字列を選択し、次のどれかを実行します。
(A) **スタイルギャラリー** から **標準** を選択。
(B) **スタイルギャラリー** の ▽ から **書式のクリア** を選択。
(C) **フォント** グループにある **すべての書式をクリア** ボタン A♦ をクリック。

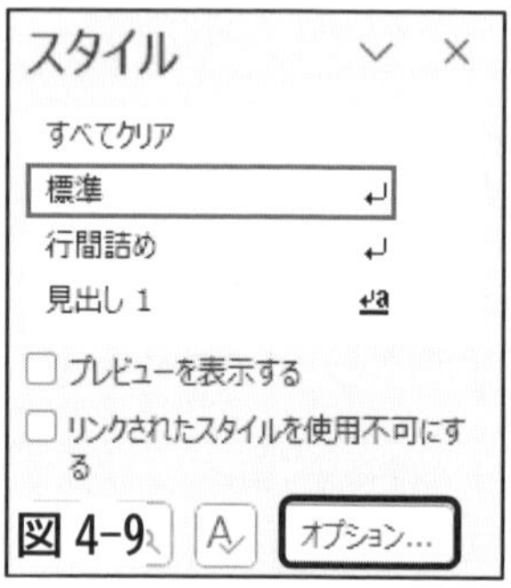

ギャラリーにないスタイルを利用するには

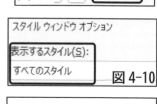
図 4-9

　スタイルグループの 🗗 をクリックして（図 4-8）、**スタイル**作業ウィンドウを表示します。

① **オプション** ボタンをクリック（図 4-9）。

② **表示するスタイル** を「すべてのスタイル」にして（図 4-10）、**OK** をクリック。

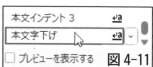
図 4-10

③ スタイル名をクリック（図 4-11）。

図 4-11

※ これで、**スタイルギャラリー** に表示されていつでも使えるようになります。

ギャラリーに表示したスタイルを非表示にするには

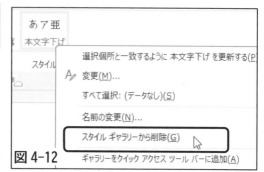
図 4-12

　スタイルギャラリー でそのスタイルを右クリックして、**スタイルギャラリーから削除** を選択します（図 4-12）。
　スタイルギャラリー からは削除されますが、**スタイル** 作業ウィンドウから削除されることはありません。

35　よく使う書式の登録

【ホーム】▶【スタイルグループ】

スタイルを新規に作成するには

① 書式を設定した文字列を選択（図4-13）。

② **ホーム** タブ－**スタイルギャラリー** の ▽ から、**スタイルの作成** を選択（図4-13）。

③ プレビューでスタイルを確認し、名前を入力して **OK** ボタンをクリック（図4-14）。

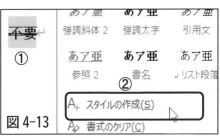
図 4-13

図 4-14

既存のスタイルを一部変更するには

① 変更したいスタイルを右クリックし、**変更** を選択（図4-15）。

図 4-15

② **スタイルの変更** ダイアログボックスの **書式▼** ボタンをクリックして、必要な設定を行う（図4-16）。

※ 書式を変更した個所を選択、右クリックして **選択個所と一致するように○○を更新する** を選択してもよいです（図4-15）。

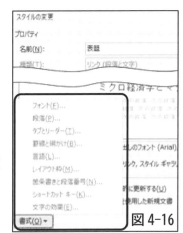
図 4-16

作成したスタイルを削除するには

　スタイルグループの ▫ から **スタイル** 作業ウィンドウを表示し、作成したスタイル名の右の ▽ をクリックして、**作成したスタイル名の削除** をクリックします。

　確認のメッセージは、**はい** をクリックします。これで、**スタイルギャラリー** からも削除されます。

36　見出しの設定

(A)【ホーム】▶【スタイルギャラリー】　(B)【表示】▶【表示グループ】▶【アウトライン表示】

見出しをスタイルから設定するには

① 見出しにする行にカーソルを置く。まとめて設定するには、複数行選択してもよい。

② **ホーム** タブの **スタイルギャラリー** から必要な見出しを選択(図 4-17)。

図 4-17

※ 初期状態では **見出し2** までしか表示されていませんが、**見出し2** を適用すると **見出し3** が表示され、**見出し3** を適用すると **見出し4** が表示されるようになります。

見出しを解除するには

見出しを設定した行にカーソルを置き、次のどれかを実行します。
(A)**スタイルギャラリー** から **標準** を選択。
(B)**スタイルギャラリー** から ▼ をクリックして **書式のクリア** を選択。
(C)**フォント** グループにある **すべての書式をクリア** ボタン をクリック。

アウトライン表示から設定するには

① **表示** タブにある、**アウトライン表示** をクリックして、アウトライン表示に切り替える。

② **アウトライン** タブの **アウトラインレベル** をクリックして、目的のレベルを選択(図 4-18)。**レベル1** は **見出し1** に、**レベル2** は **見出し2** に対応する。

③ 元の画面に戻るには、**アウトライン表示を閉じる** をクリック。

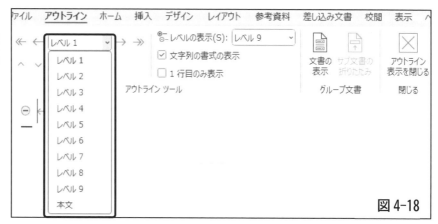

図 4-18

37 章番号や節番号の設定

【ホーム】▶【段落グループ】▶【アウトライン】

一括して設定するには（図4-19）

① 見出しを設定してある行にカーソルを置く。
② __ホーム__ タブ－__アウトライン__ ボタン をクリックして、薄い文字で __見出し__ と表示されているものを選ぶ。それ以外は見出しと連携されていない。

個別に番号を変更するには

① 変更する見出しにカーソルを置いて、__段落番号__ の から選ぶ（図4-20）。
② メッセージを確認して、__はい__ をクリック。

連携されていない番号を使うには

　例として、「1-1-1」となる書式を作成して、ほかの文書でも使えるようにします。

① 何もない行に仮の文字を1文字ずつ入力して、それぞれ、__見出し1・見出し2・見出し3__ を適用する（図4-21）。
② その3行を選択して、__アウトライン__ ボタンから、「1-1-1」となっているものを選択する。
③ 見出し1にカーソルを置き、__見出し1__ のスタイルを右クリック、__選択個所と一致するように見出し1を更新する__ をクリック（図4-22）。見出し2・見出し3も同様にする。
④ __アウトライン__ ボタン－__作業中の文書にあるリスト__ に表示されるので、右クリックして __リストライブラリに保存__ をクリック（図4-23）。

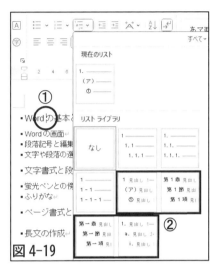
図4-19

図4-20

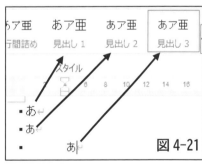
図4-21

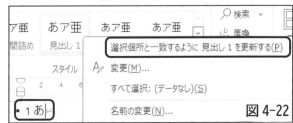
図4-22

図4-23

38　便利な画面表示

(A)【表示】▶【ナビゲーションウィンドウ】　(B)【表示】▶【分割】　(C)上下の余白の非表示

見出しに移動するには

表示 タブ−**ナビゲーションウィンドウ** にチェックを付けます。

ナビゲーションウィンドウ の見出しをクリックします。目的の見出しをクリックすると、そこへジャンプします(図4-24)。

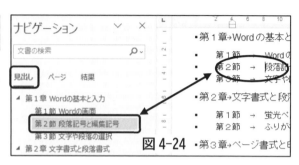

図4-24

ページごとに移動するには

ナビゲーションウィンドウ の **ページ** をクリックします。

目的のページをクリックすると、そのページにジャンプします(図4-25)。

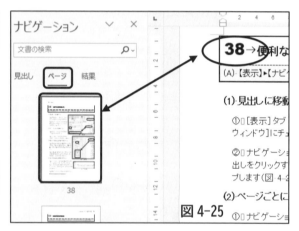

図4-25

離れた場所を同時に表示するには

表示 タブにある **分割** をクリックします。画面が分割されるので、上部と下部とで同じ文書の離れた場所を表示できます。

分割を解除するには、**表示** タブの **分割の解除** をクリックするか、サイズ変更バーを上にドラッグします(図4-26)。

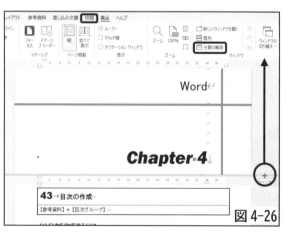

図4-26

上下の余白を非表示にするには

ページとページの間の箇所にマウスポインターを合わせてダブルクリックします(図4-27)。

上下の余白が非表示になるので、ヘッダーとフッターは表示されず、本文のみが表示されます。再度ダブルクリックすると元に戻ります。

図4-27

39　文章構成の変更

(A)【表示】▶【アウトライン表示】　(B)【ナビゲーションウィンドウ】　(C)通常の画面

アウトライン表示で文書の構成を変更するには

　表示 タブ−アウトライン表示 をクリックします。

① 見出しの行頭にある ⊕ をドラッグ（図4-28①）。下位のレベルも同時に移動できる。

② レベルの表示 で選ぶと、そのレベルまでが表示される（図4-28②）。

③ カーソルを置いて、アウトラインレベル で選択すると、レベルの変更ができる（図4-28③）。

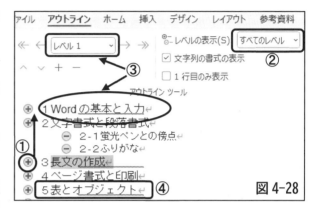

図4-28

④ 行頭の ⊕ をダブルクリックするごとに、下のレベルの表示と非表示を切り替えられる。非表示にすると、波線が表示される（図4-28④）。

ナビゲーションウィンドウで文書の構成を変更するには

　見出しをドラッグします（図 4-29）。下位のレベルも同時に移動できます。
　行頭に表示される ▲ をクリックすると ▶ になり、下位のレベルが折りたたまれます。

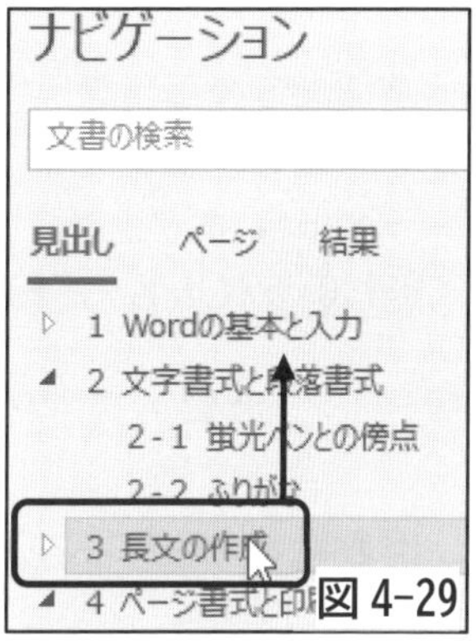

通常画面（印刷レイアウト）で文書の構成を変更するには

　編集記号を非表示にします。行頭に表示される ▲ をクリックすると、▶ になり、下位のレベルが折りたたまれます。

　見出しの行を選択してドラッグします（図 4-30）。通常画面では、折りたたまないと下位のレベルは同時に移動しないので注意してください。

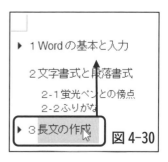

図4-29

図4-30

40　表番号と図番号

【参考資料】▶【図表グループ】▶【図表番号の挿入】

表や図に通し番号を付けるには

表内にカーソルを置き（図の場合は選択）、**参考資料** タブ－**図表番号の挿入** をクリックします（図4-31）。

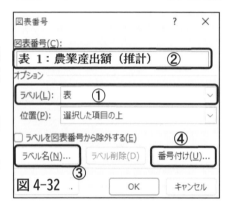

図4-31

図表番号 ダイアログボックスで、適切なラベルを選び（図4-32①）、キャプションを入力して（図4-32②）、**OK** ボタンをクリックします（図4-32）。

※ 通常、表番号は項目の上、図番号は項目の下に配置します。
※ ラベルは、図・数式・表の3種類が用意されていますが、英語表記になっている場合があります。

図4-32

新しいラベルを作成するには

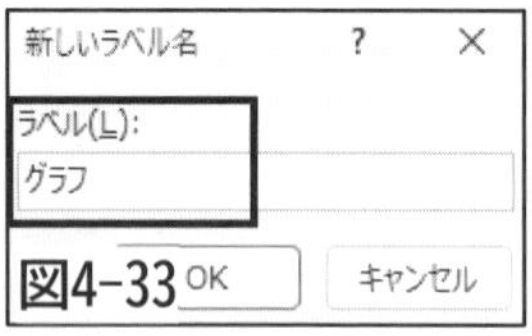

適切なラベルがない、または英語表記になっている場合には、自分で作成できます。

ラベル名 ボタンをクリックします（図4-32③）。
新しいラベル名 ダイアログボックスで、名前を入力して **OK** します（図4-33）。

図4-33

見出しの番号と関連付けるには

図表番号 ダイアログボックスで、**番号付け** ボタンをクリックします（図4-32④）。
図表番号の書式 ダイアログボックスで、**章番号を含める** にチェックを付け、そのほかを確認して、**OK** ボタンをクリックします（図4-34）。

図4-34

Column　図の行内配置と浮動配置における図番号の違い

図番号は、図の配置が **行内** であれば文字列として段落に固定されますが、**四角形** や **前面** などの浮動配置にした場合は、テキストボックスとして配置されます。
その場合は、図と図番号を **図形の書式** タブから **グループ化** して、段落に固定しておきましょう。p.78を参照してください。

41　脚注の挿入

【参考資料】▶【脚注グループ】

脚注を挿入するには

脚注を挿入する場所にカーソルを置き、**参考資料** タブ－**脚注の挿入** をクリックします（図4-35①）。

ページ下部に区切り線と脚注番号が挿入されるので、内容を入力します（図4-36①）。

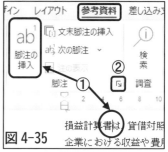

図4-35

脚注を削除するには

文中の脚注番号を削除します（図4-36②）。

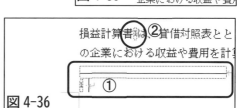

図4-36

脚注の番号などを変更するには

脚注 グループの 🔽 をクリックします（図4-35②）。
脚注と文末脚注 ダイアログボックスで、書式を設定したら、**適用** ボタンをクリックします（図4-37①）。

脚注を文末脚注に変更するには

文末脚注 を選び「文書の最後」か「セクションの最後」を指定して、**変換** ボタンをクリックします（図4-37②）。
確認メッセージは、**OK** をクリックします。

脚注にカッコを付けるには

置換 機能を使います。p.51図4-7を参照してください。
オプション から **あいまい検索** を外し、直接入力で図4-38 のように入力して、**すべて置換** をクリックします。

【注意】すべての脚注を挿入後、最後に1回だけ行ってください。完成図（図4-39、図4-40）

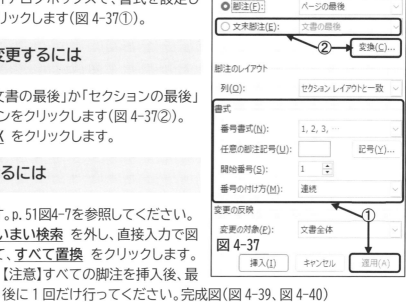

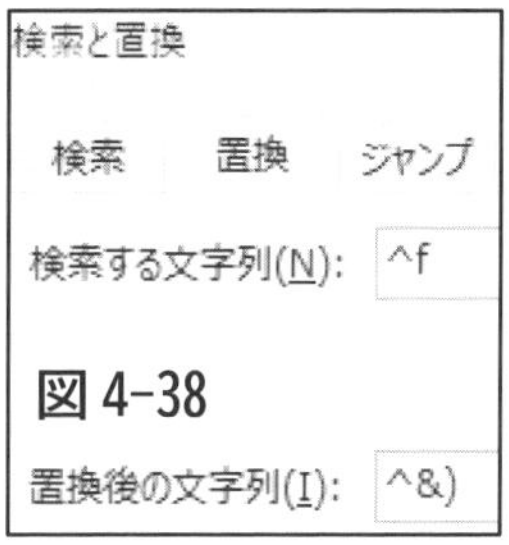

図4-37

図4-38

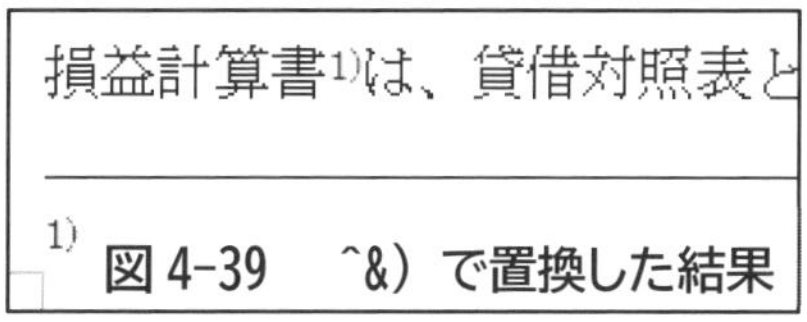

図4-39　^&）で置換した結果

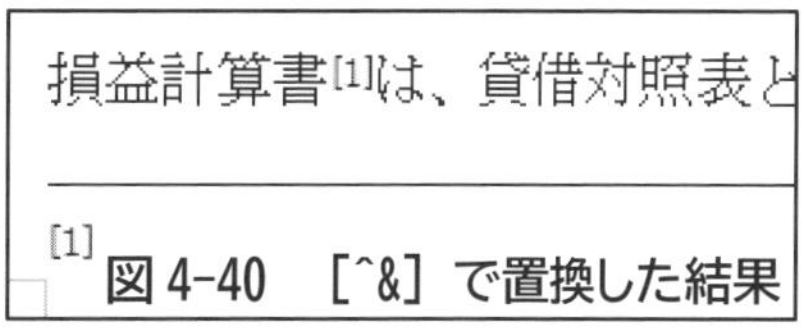

図4-40　[^&]で置換した結果

42　相互参照の利用

(A)【参考資料】▶【図表グループ】▶【相互参照】　　(B)【挿入】▶【リンクグループ】▶【相互参照】

相互参照を設定するには

① 設定する場所にカーソルを置き、**参考資料** タブ－**相互参照** をクリック(図4-41)。

　※ **相互参照** は、**挿入** タブにもあります。

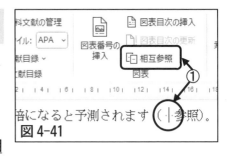
図4-41

② **相互参照** ダイアログボックスで、**参照する項目**、**相互参照の文字列**、**参照先** を選択し、**挿入** ボタンをクリック(図4-42)。

③ **キャンセル** ボタンが **閉じる** ボタンに変わるので、閉じる(図4-42)。
　※ このダイアログボックスは、閉じずに続けて操作できます。

相互参照を削除するには

　設定した相互参照を番号や文字列を含めて選択して削除します。

相互参照先へ移動するには

　挿入された文字列上で、Ctrl キーを押しながらクリックします(図4-43)。

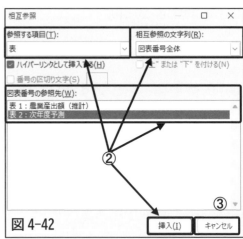
図4-42

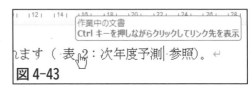
図4-43

Column 変更があったらフィールドの更新を忘れずに

　相互参照や目次や索引などでは、フィールドという機能が使われています。これらは自動更新されないので、何か変更があった場合は、手動で更新する必要があります。次のどれかの方法で更新します。
　　(A)設定した個所を右クリックして、**フィールド更新** を選択
　　(B)設定した個所をクリック、日本語入力をオフにして F9 キーを押す
　　(C)印刷プレビューを表示する(Ctrl + P キーを押した後、Esc キーを押すと簡単)

43　目次の作成

【参考資料】▶【目次グループ】

目次を作成するには

文書にあらかじめ見出しか、レベルの設定をしておきます。

目次を挿入する位置にカーソルを置き、**参考資料** タブ－**目次** から、**自動作成の目次 2** を選択します（図4-44①）。

※ **ユーザー設定の目次** を選択すると、詳細な設定ができます（図4-44②）。

目次を削除するには

参考資料 タブ－**目次** から、**目次の削除** を選択します（図4-44③）。

※ 目次を選択していなくても削除されます。

目次を更新するには

参考資料 タブ－**目次** から、**目次の更新** をクリックします（図4-44④）。

目次の更新 ダイアログボックスで、**目次をすべて更新する** を選んで、**OK** ボタンをクリックします（図4-45）。

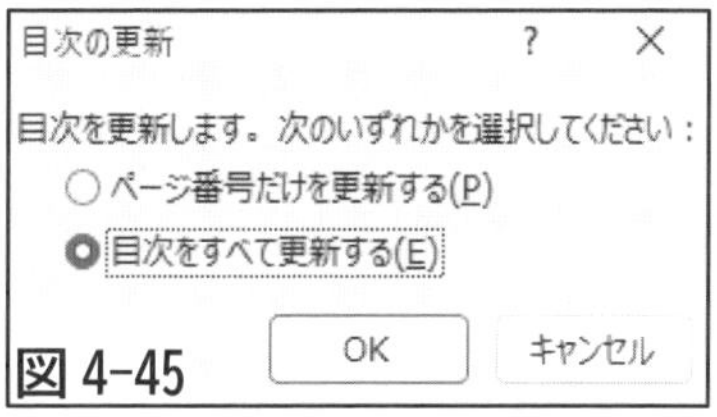

※ 目次を選択していなくても更新されます。
※ 目次をクリックして上部に表示される **目次の更新** をクリックすることもできます。

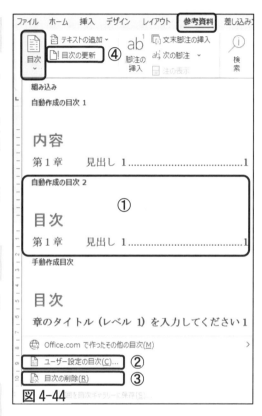

図4-44

図4-45

目次から移動するには（図4-46）

目次上で、Ctrl キーを押しながら、クリックします。

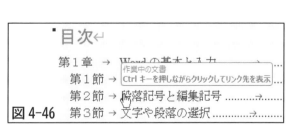

図4-46

44　段組みの設定

【レイアウト】▶【ページ設定グループ】▶【段組み】

段組みを設定するには

　範囲を選択し、**レイアウト** タブ－**段組み∨** をクリックして、指定する段数を選択します（図4-47）。
　※ 段組みを設定すると、**セクション区切り** が挿入されます。

段組みの詳細を設定するには

　段組みの詳細設定 を選択します（図4-47①）。
　段組み ダイアログボックスでは、段の幅や間隔を設定したり、境界線を引いたりすることもできます（図4-48）。

切りの良いところで段を変えるには

　改段したい先頭にカーソルを置きます（図4-49①）。
　レイアウト タブ－**区切り∨**－**段区切り** をクリックします（図4-47②）。
　※ 右の段が極端に少なくなることがあります。左右の高さを揃えるには、右の段の末尾にカーソルを置き、**区切り∨** から **セクション区切り** の **現在の位置から開始** を選択します。

段組みを解除するには

　段組みを解除するには、セクション区切りも削除する必要があります。

① **レイアウト** タブ－**段組み** から **1段** を選択（図4-47）。

② **セクション区切り** の線の直前にカーソルを置いて、Delete キーで削除。前後2ヶ所とも削除する（図4-49②）。

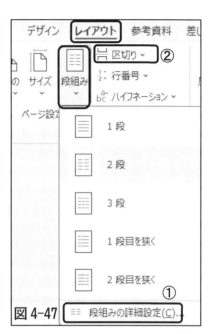

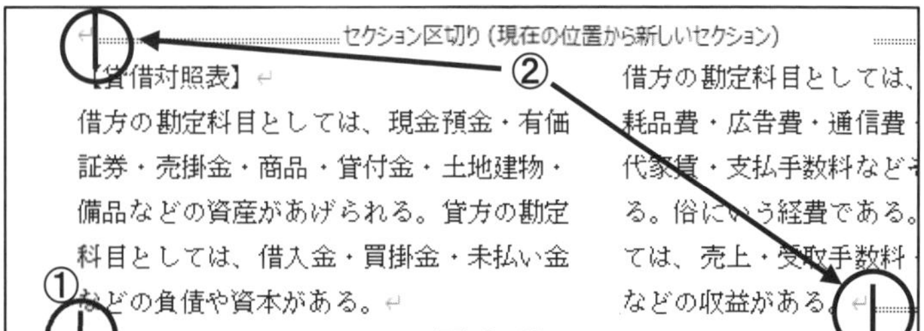

図4-47

図4-48

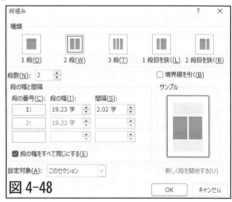

図4-49

45　索引の作成

【参考資料】▶【索引グループ】

索引にする用語を登録するには

索引にする用語を選択し、**参考資料** タブ－**索引登録** をクリックします。

自動で表示された読みを確認して、**登録** か、**すべて登録** をクリックします（図 4-50）。**すべて登録** では、文書内のすべての同じ用語に適用されます。

文書上をクリックし、索引登録を続けます。登録が終わったら、閉じます。

図 4-50

索引を挿入するには

挿入する場所にカーソルを置き、**参考資料** タブ－**索引の挿入** をクリックします。

必要な設定を行って、**OK** ボタンをクリックします（図 4-51）。

索引登録後の画面

｛　｝で囲まれた **フィールド** が表示されます（図 4-52）。

編集記号を非表示にすれば、フィールドも非表示になります。表示されていても印刷されることはありません。

図 4-51

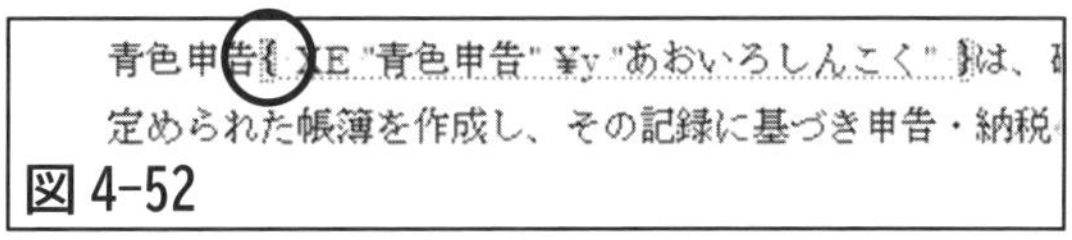

索引を削除するには

登録した用語では **フィールド** の ｛ のすぐ左、索引一覧では **セクション区切り** のすぐ左を Delete キーを 2 回押して削除します（図 4-52 と図 4-53 の丸印）。

図 4-52

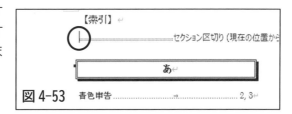
図 4-53

46　引用文献目録の作成

【参考資料】▶【引用文献と文献目録グループ】▶【資料文献の管理】

資料文献を登録するには

① **参考資料** タブ－**資料文献の管理** をクリック(図4-54)。

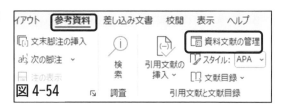
図 4-54

② **資料文献の管理** ダイアログボックスで、**作成** ボタンをクリック(図4-55)。

③ **資料文献の作成** ダイアログボックスで必要な事項を入力して、**OK** ボタンをクリック(図 4-56)。連続して作成できる。

④ 登録作業が終わったら、**資料文献の管理** ダイアログボックスを閉じる。

※ 必要であれば、登録する前にスタイルを選択しておきます。

※ **参考資料** タブの右端にある、**引用文献一覧** グループは、古いバージョン(2003 以前)との互換性のために残されているものです。

図 4-55

図 4-56

Column　文献リスト(マスターリスト)の保存

　ここで作成した資料文献は、その文書だけでなく「Word の文献リスト」として保存されます。ほかの文書でも使えるので、時間があるときに資料文献の入力や整理をしておくとよいでしょう。

47　引用文献一覧の挿入

【参考資料】▶【引用文献と文献目録グループ】

登録した文献を使えるようにするには

① **参考資料** タブ－**資料文献の管理** をクリック(p.64 図4-54)。

② **現在のリスト** に必要なものが表示されるようにする。**コピー** ボタンや **削除** ボタンを使って調整したら(図4-57)、**閉じる** ボタンをクリック。

図4-57

文末に引用文献一覧を作成するには

作成する場所にカーソルを置き、スタイルを選択、**文献目録∨** から、適切なものを選ぶ(図4-58)。

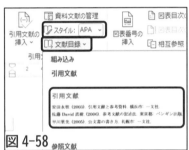

図4-58

文書中に文献情報とページ数を挿入するには

① 挿入する場所にカーソルを置き、**引用文献の挿入∨** から適切なものを選ぶ(図4-59)。

② 挿入された文献上をクリック、コンテンツコントロールの ￬ をクリックして、**引用文献の編集** を選択(図4-60)。

③ **引用文献の編集** ダイアログボックスで、引用したページを入力して、**OK** する(図4-61)。

図4-59　　図4-60　　図4-61

Column　脚注を使って引用文献を表示する

脚注の機能を使って文献を表示するやり方もあります。脚注を使うと番号を表示することができます。脚注の挿入場所で、**引用文献の挿入∨** から選びます。

48 ブックマークの利用

【挿入】▶【リンクグループ】▶【ブックマーク】から設定、F5 キーで移動

ブックマークを設定するには

　ブックマークを付ける場所にカーソルを置くか、文字列を選択し、**挿入** タブ－**リンク** グループ－**ブックマーク** をクリックします（図4-62）。

図4-62

　ブックマークに付ける名前を入力して、**追加** ボタンをクリックします（図4-63）。

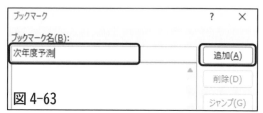

図4-63

ブックマークに移動するには（ジャンプ）

　F5 キーを押します。

　検索と置換 ダイアログボックスの **ジャンプ** タブが表示されます。**移動先** で **ブックマーク** を選択し、**ブックマーク名** でジャンプ先を選んで、**ジャンプ** ボタンをクリックします（図4-64）。

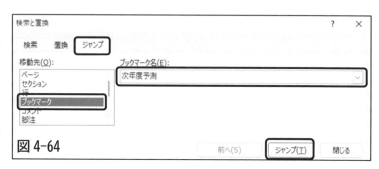

図4-64

Column ブックマークと相互参照

　あらかじめ設定しておいた場所に移動するには、ブックマークと相互参照の 2 つの方法があります。
　ブックマークでは文書中に明示されないので、自分だけのしおりとして使えます。
　相互参照は文書中にその文字列が表示されるので、読み手に対して参照させたいときに使います。

Word

Chapter 5
表とオブジェクト

49 表の作成

【挿入】▶【表】

新規に表を作成するには

(A)**挿入** タブ－**表∨** をクリックして、目的の行数・列数でクリックします（図 5-1①）。

(B)大きい表の場合は、**挿入** タブ－**表∨**－**表の挿入** をクリックします（図 5-1②）。必要な設定をして **OK** をクリック。**表の挿入** ダイアログボックスで、必要な設定を行います。

入力済みの文字列を表にするには

文字列を選択してから、**表∨**－**文字列を表にする** をクリックします（図 5-1③）。
設定を確認して、**OK** をクリックします（図 5-2）。

※ この操作を行う場合は、1つのデータは改行で、各項目はタブかカンマで区切られている必要があります。

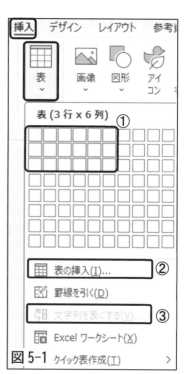

図 5-1 クイック表作成(T)

表を削除するには

表の移動ハンドル 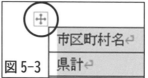 をクリックして表全体を選択し（図 5-3）、`Backspace` キーを押します。

図 5-3

表内にカーソルを置き、**テーブルレイアウト** タブ－**削除∨**－**表の削除** から削除することもできます（図 5-4①）。

表を解除して文字列に戻すには

図 5-2

表の中にカーソルを置いて、**テーブルレイアウト** タブ－**表の解除** をクリックします（図 5-4②）。
表の解除 ダイアログボックスで、文字列の区切りを確認して **OK** ボタンをクリックします。

図 5-4

50　列幅と行高の変更

(A)罫線をドラッグする　　(B)【テーブルレイアウト】▶【セルのサイズグループ】で指定

列幅や行高を変えるには

　列幅を変えるには、マウスポインター ↔ を確認して、縦罫線を左右にドラッグします（図 5-5）。ダブルクリックすると、文字幅に合わせて列幅が自動調整されます。
　行高を変えるには、マウスポインター ↕ を確認して、横罫線を上下にドラッグします（図 5-5）。

図 5-5

数値で指定するには

　セルにカーソルを置くか、複数列または複数行を選択します。
　テーブルレイアウト タブの **高さ** と **幅** で、数値を指定します（図 5-6①）。

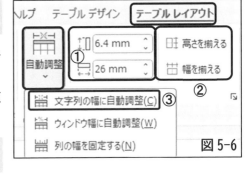
図 5-6

列幅や行高を同時に揃えるには

　複数列または複数行を選択します。
　幅を揃える または **高さを揃える** をクリックします（図 5-6②）。

表全体を一気に揃えるには

　自動調整∨－文字列の幅に自動調整 をクリックします（図 5-6③）。**ウィンドウ幅に自動調整** を選択すると、左右の余白に合わせて表示されます。
　表のサイズ変更ハンドル をドラッグすると、表全体を一気に変更できます（図 5-7）。

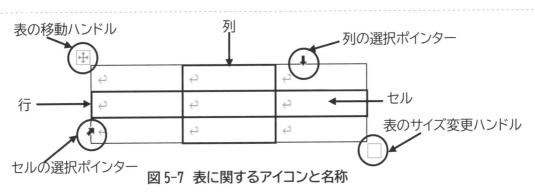
図 5-7　表に関するアイコンと名称

51　行列の追加と削除

(A)ポップアップボタンから挿入　(B) Enter キーと Backspace キー
(C)【テーブルレイアウト】▶【行と列グループ】

行を挿入するには

挿入したい場所の左端で ⊕（ポップアップボタン）をクリックすると、そこに行が挿入されます（図5-8①）。

表の右外にカーソルを置いて Enter キーを押すと、下に1行追加できます（図5-8②）。

表の最終セルにカーソルを置いて Tab キーを押すと、下に1行追加できます（図5-8③）。

図5-8

列を挿入するには

挿入したい場所の上端で ⊕ をクリックすると、そこに列が挿入されます（図5-9）。

図5-9

複数の行や列をまとめて挿入するには

複数の行や列を選択してから、**テーブルレイアウト**タブの **行と列** グループにあるボタンを利用します（図5-10）。選択した行や列と同じだけ挿入されます。

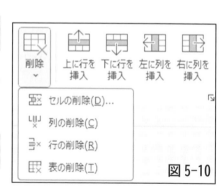

図5-10

行や列を削除するには

列や行を選択してから、**削除∨** をクリックして、目的のものを選択します（図5-10）。

列や行を選択してから、 Backspace キーを押しても削除できます。

※ Delete キーでは入力された文字の削除となるので注意してください。

途中にある行や列をコピー・移動するには

行や列を選択し、選択された部分をドラッグします。コピーの場合は Ctrl キーを押しながらドラッグします。

52 結合と分割

【テーブルレイアウト】▶【結合グループ】▶【セルの結合】/【セルの分割】/【表の分割】

複数のセルを1つにまとめるには（セルの結合）

① 複数のセルを選択

② **レイアウト** タブ－**結合** グループ－**セルの結合** をクリック（図 5-11）。

図 5-11

セルを分割するには

① セルにカーソルを置くか、複数のセルを選択。

② **セルの分割** をクリック（図 5-11）。

③ 列数と行数を指定して、**OK** をクリック（図 5-12）。

図 5-12

表を分割するには

① 分割したい行にカーソルを置く（図 5-13）。

② **表の分割** をクリック（図 5-11）。

　※ カーソルのある行を次の表の先頭行として表を分割することができました（図 5-14）。

図 5-13

表を結合するには

(A) 表がすぐ上下にある場合は、表の間にある段落記号を削除します（図 5-14）。

(B) 表が離れている場合は、後ろの表を切り取り、結合したい表のすぐ下に貼り付けます。

図 5-14

53　セルや罫線などの詳細設定

【テーブルデザイン】▶【飾り枠グループ】/【表のスタイルグループ】

罫線の色や種類などを変更するには

① **テーブルデザイン** タブから、線の種類・線の太さ・線の色を指定する（図 5-15①）。

② マウスポインター ✎ を確認してドラッグするか、**罫線∨** をクリックして目的の罫線を選ぶ（図 5-15②）。

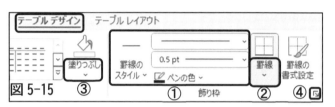

図 5-15

※ 罫線モードを解除するには、Esc キーを押します。

※ まとめて操作するには、▣ をクリックして（図 5-15④）、**罫線と網掛け** ダイアログボックスから操作します（図 5-16）。

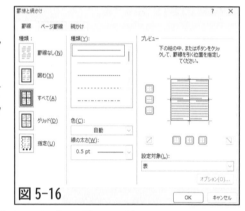

図 5-16

セルに色を付けるには

セルを選択するかカーソルを置き、**テーブルデザイン** タブの **塗りつぶし∨** をクリックして、色を選択します（図 5-15③）。

表全体にまとめて設定するには

表内にカーソルを置き、**表のスタイル** グループの ▽ をクリックして、適切なものを選びます（図 5-17）。

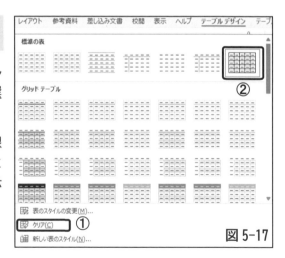

図 5-17

※ **クリア** を選択すると（図 5-17①）、罫線が表示されなくなります。表であることを示すために薄いグレーの破線が表示されますが、印刷はされません。

※ 罫線のみにするには、表（格子）を選んでください（図 5-17②）。

54 セル内の文字の配置

【レイアウト】▶【配置グループ】/【表のプロパティ】

セル内で上下左右に配置するには

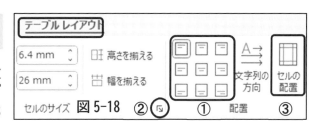
図 5-18

セルを選択するかカーソルを置き、**テーブルレイアウト** タブ−**配置** グループから適切な配置を選びます（図 5-18①）。

セル内でギリギリに表示するには

図 5-19

① セルを選択し、**セルのサイズ** グループにある ⬚ をクリック（図 5-18②）して、**表のプロパティ** ダイアログボックスを表示する。

② **セル** タブの **オプション** をクリック（図 5-19）。

③ **表全体を同じ設定にする** のチェックを外し、上下左右とも「0 mm」にして、**OK** をクリック（図 5-20）。

④ ダイアログボックスに戻ったら、**OK** をクリック。

※ 表内のセルすべてにまとめて設定するには、**セルの配置** から操作します（図 5-18③）。

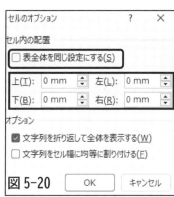
図 5-20

セル内で均等割りに配置するには

セルを選択するかカーソルを置き、**ホーム** タブ−**均等割り付け** ボタンをクリックします。

【完成例】

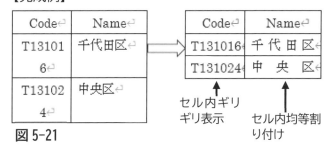
図 5-21

55　表の文書内の配置

【テーブルレイアウト】▶【セルのサイズグループ】▶ 🗔 ▶【表のプロパティダイアログボックス】

文書中に表を配置するには

　表内にカーソルを置き、**テーブルレイアウト** タブ－**セルのサイズ** グループの 🗔 をクリックして（前ページ図 5-18②）、**表のプロパティ** ダイアログボックスを表示します。

　表 タブの **配置** では、左右の配置ができます（図 5-22①）。

　文字列の折り返し では、「なし」にすると行間に、「する」にすると文字列の中に配置されます（図 5-22②）。

　※ 表の移動ハンドルを選択して、ドラッグする方法もあります（図 5-23）。

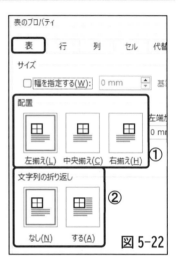
図 5-22

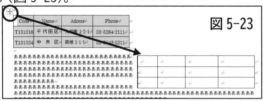
図 5-23

セルが2ページに分割されるのを防ぐには

　表内にカーソルを置き、表のプロパティを表示します。
　行 タブで、**行の途中で改ページをする** のチェックを外します（図 5-24①）。
　※ セルは分割されませんが、表は分割されます。表の分割を防ぐには、p. 75 を参照してください。

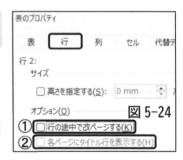
図 5-24

ページごとにタイトルを表示するには

① タイトル行を選択（図 5-25①）。

② **テーブルレイアウト** タブ－**データ** グループ－**タイトル行の繰り返し** をクリック（図 5-25②）。

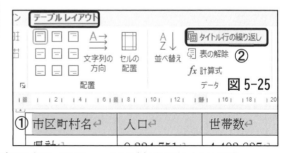
図 5-25

　※ 図 5-24② の **各ページにタイトル行を表示する** にチェックを付けてもよいです。

56　表のページに関するトラブル回避

【ホーム】▶【段落グループ】▶ 🔽 ▶【段落ダイアログボックス】

表が2ページに分割されるのを防ぐには

表の一部分が次のページに分割されるような場合の回避方法です。

① 表全体を選択し（図 5-26）、**ホーム** タブ－**段落** グループの 🔽 から、**段落** ダイアログボックスを表示する。

② **改ページと改行** タブ－**次の段落と分離しない** にチェックを付けて（図 5-27）、**OK** ボタンをクリック。

※ 表全体が次のページに移動します。

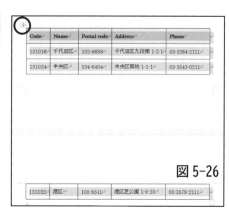

図 5-26

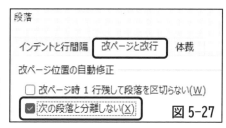

図 5-27

表の次の不要なページを防ぐには

ページギリギリに表を作成すると、表の後の段落記号が次のページに押し出されて、空白のページとなってしまうことがあります。

この段落記号は削除できません。また、印刷すると最後に空のページが出てきてしまいますが、次の方法で回避できます。

① 次のページの段落記号を選択し（図 5-28）、**段落** ダイアログボックスを表示する。

② **インデントと行間隔** タブの **行間** を「固定値」に、**間隔** を「0.7」にして（図 5-29）、**OK** ボタンをクリックする。

※ これで、次ページの段落記号が表のすぐ下に張り付き、不要なページがなくなります。

図 5-28

図 5-29

57　文字を自由にデザインする

【挿入】▶【テキストグループ】

自由な位置に文字列を配置するには（テキストボックス）

挿入 タブ－**テキスト** グループ－**テキストボックス**∨－
横書きテキストボックスの描画 をクリックします（図 5-30）。

マウスポインターが ＋ に変わるので、ドラッグし、文字を入力します。

※ ここのテキストボックスは、**前面** に配置されます。折り返しを変更する場合は、p.77 を参照してください。
※ **図** グループの **図形**∨ からも挿入できます。

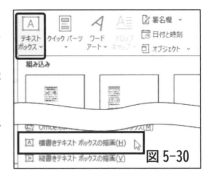
図 5-30

自由な位置に自由な書式の文字列を挿入するには（ワードアート）

挿入 タブ－**テキストボックス** グループ－**ワードアート**∨ から、スタイルを選択します（図 5-31①）。

「ここに文字を入力」と表示されます。そのまま文字を入力すると自分が入力した文字に置き換わります。

フォントに関する変更は **ホーム** タブから、それ以外は **図形の書式** タブから変更します。

※ このワードアートは、**前面** に配置されます。折り返しを変更する場合は、p.77 を参照してください。

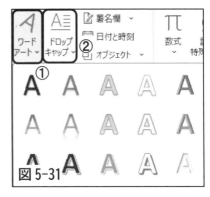
図 5-31

段落の初めに大きな文字を表示するには（ドロップキャップ）

作成したい段落にカーソルを置いて、**挿入** タブの **ドロップキャップ**∨－**本文内に表示** を選択します（図 5-31②）。

※ 段落の先頭の文字に対して作成されるので、先頭が空白の場合は作成できません。
※ ドロップキャップを削除するには、**ドロップキャップ**∨ から、**なし** にします。

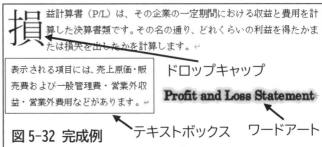
図 5-32 完成例

58　図形や画像の挿入と配置

(A)【挿入】▶【図グループ】　(B)【レイアウトオプション】ボタン

図形や画像を挿入するには(図5-33)

図形を挿入するには、**挿入** タブの **図** グループの **図形∨** から選び、文書上をドラッグします。
画像やイラストは、**画像∨** や **アイコン** から選びます。

図5-33

文字列の折り返しを変更するには(図5-34)

図や画像を選択し、**レイアウトオプション** ボタンから、適切な種類を選びます。

図5-34

主な折り返しの種類

行内は固定配置ですが、それ以外は画像を自由に動かすことができる浮動配置となります。

【行内】	【上下】
Wordでは、必要に応じてその場に新しいボタンが表示されるため、効率よく　　　操作を進めることができます。文書内に写真をレイアウトする方法を変更するには、	Wordでは、必要に応じてその場に新しいボタが表示されるため、効率よく操作を進めることができます。文書内に写
【四角形】	【狭く】
Wordでは、必要に応じてその場に新しいボタンが表示されるため、効率よく　　　操作を進めることができます。文書内に写真をレイアウトする方法を　　　変更するには、写真をクリックす　　　ると、隣にレイアウト オプション　　　のボタンが表示されます。表で作業　　　している場合は、行または列を追加する場所をクリックして、プラス記号をク	Wordでは、必要に応じてその場に新しいボタンが表示されるため、効率よく操作を進　　めることができます。文書内に写真をレイアウトす　　る方法を変更するには、写真をクリックすると、　　　隣にレイアウト オプションのボタンが　　　表示されます。表で作業している場合　　　は、行または列を追加する場所をクリックし　　て、プラス記号をクリックします。コピー貼り付けした場合にもオプションボタンが
【前面】	【背面】
Wordでは、必要に応じてその場に新しいボタンが表示されるため、効率よく操作を進めることができます。文書内に写真をレイアウトする方法を変更するには、写真をクリックすると、隣にレイアウト オプションのボタンが表示されます。表で作業している場合は、行または列を追加する場所をクリックして、プラス記号をクリックします。コピー貼り付けした場合にもオプションボタンが表示されます。	Wordでは、必要に応じてその場に新しいボタンが表示されるため、効率よく操作を進めることができます。文書内に写真をレイアウトする方法を変更するには、写真をクリックすると、隣にレイアウト オプションのボタンが表示されます。表で作業している場合は、行または列を追加する場所をクリックします。プラス記号をクリックします。コピー貼り付けした場合にもオプションボタンが表示されます。

59　図形や画像のトラブル回避

(A)【ホーム】▶【編集グループ】▶【選択】▶【オブジェクトの選択】／【オブジェクトの選択と表示】　(B)ページ上の位置を固定

背面の画像が選択できなくなったら

背面に画像を配置すると、文字に邪魔されて画像を選択できなくなることがあります。その場合は、次の方法で選択します。

(A) **ホーム** タブ－**編集** グループ－**選択∨**－**オブジェクトの選択** をクリックします(図5-35①)。

これで、背景の図形を選択できるようになります。**オブジェクトの選択モード** を解除するには、Esc キーを押します。

(B) **ホーム** タブ－**編集** グループ－**選択∨**－**オブジェクトの選択と表示** をクリックします(図5-35②)。

選択 作業ウィンドウに表示された名前をクリックすると背景の図形を選択できます(図5-36)。

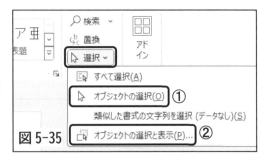

図5-35

図5-36

※　名前の右の 🔲 は **不動配置**、🔲 は画面上で非表示になっているもの、何も表示されていないものは **行内配置** を表します。

画像の位置が動いてしまうのを防ぐには

行内以外では自由に画像を動かすことができますが、文字を挿入したり削除したりすると画像の位置も動いてしまうことがあります。これを防ぐには次のようにします。

(A)ページ上で固定するには、画像を選択し、**レイアウトオプション** ボタンから、**ページ上の位置を固定** をクリックします(図5-37①)。

(B)段落に固定するには、あらかじめ、**アンカー記号** を固定したい段落に移動しておきます。**詳細表示** をクリックして(図5-37②)、**アンカーを段落に固定する** にチェックを付けます。

図5-37

PowerPoint

Chapter 0
よいプレゼンテーションをするために

0-1 よいプレゼンテーションをするために

スライドのダイエットと聴衆とのコミュニケーション

　プレゼンテーションを成功させるためにはどのようなことを考えるとよいでしょうか。スライドをどう作るかというテクニックの前に、そもそもプレゼンテーションとは何なのかを考えてみましょう。

スライドのシェイプアップ

　大学の講義でもPowerPointを使って授業をする先生が多くを占めるようになりました。大学に入学して先生の講義を見て「PowerPointはこう使うものか」と思った人も中にはいるかもしれません。しかしながら、大学の先生が使うPowerPointの使い方は「プレゼンテーション」の観点から見ると少々違和感を覚えます。むしろ「反面教師」として参考にすべきだと考えます。

　それはなぜでしょう。ほとんどの教員に共通する良くない点として「スライドに文字が多すぎる」ということが挙げられます。「プレゼンテーション」はあくまでも自分の考えていることを相手にわかりやすく伝えることが重要です。そしてその補助ツールとして使うのがPowerPointです。はたして講義で先生が見せるスライドはその役割を果たしているでしょうか。

　その鍵となるのがスライドに詰め込まれた情報量です。人によっては「視力検査!?」と思ってしまうほどの文字量をスライドに書き込んでいます。このとき聴衆（受講生）は「スライドを読むのに精一杯で内容が理解できない」と感じています。授業中の作業としては、①先生の話を聞いて理解する、②スライドを読んで理解する、③重要な点をノートにメモをするという3つが考えられますが、スライドに情報量が多すぎると作業がオーバーフローしかねません。近年ではスライドをスマホのカメラで撮影するという荒技を試みる学生もいますが、結局家に帰ってそれを見て復習をするかといえばそうでないことがほとんどだと考えられます。なぜなら「撮影して満足」してしまうからです。ひょっとすると「つまらない授業」は「つまらないスライド」が原因の一つなのかもしれませんね。

　そこで、プレゼンテーションを行う際に心がけたいこととして「スライドのシェイプアップ」を提案したいと思います。つまり「ぱっと見てぱっとわかる」スライドを作ることです。その具体的なアイデアとして①文字を極限まで減らす、②図形を多用する、③構成を見直すという3点で考えてみます。

● 文字を減らす

　文章をそのまま箇条書きに延々と書く人がいますがもう少し工夫をすれば、重要な単語のみや体言止めを使うことで内容が表せることが多くあります。単語なら目に入った情報がすぐ頭で理解できますが、文章となると一度頭で整理して理解するという余計なステップが入りますので、内容の理解に時間がかかります。どうしても伝えたい情報量が多ければ、スライドに表示するのではなく「配付資料」として別に作成して配布したほうが良いでしょう。

● 図形の活用

　PowerPoint では図形を描くことができます。矢印だけでなく矢印の形をした図形やさまざまな形の図形があります。論理構成を 1 枚のスライドで表すとき、図形を描いてそこに文字（単語）を書き込み、それを配置してはどうでしょう。「ぱっと見てぱっとわかる」スライドになるでしょう。PowerPoint では簡単に図形を作成することができますし、箇条書きの内容を図形として変換できる SmartArt 機能もあります。

● 構成

　「よくわからないスライド」の原因として、プレゼンテーションをする本人自身が何をプレゼンしたいのかが整理できていないケースがあります。論理立ててスライドを構成していないのです。このようなスライドを見ても聴衆は「この人は何を言いたいのだろう・・・」となってしまいます。1 つのプレゼンテーションはある「言いたいこと」について書かれています。そのプレゼンテーションは複数のスライドで構成されています。その各スライド同士はその「言いたいこと」を結論として言うために論理的につながっています。スライドを作成するときには、いわば話の流れがわかるように考えながらスライドを構成するとわかりやすいスライドになります。わかりやすい構成のスライドを作成するために PowerPoint では「アウトライン」という機能があり、箇条書きの要領でスライドを作成することができます。こういった機能を活用するのも一つの方法です。

聴衆とのコミュニケーションを考える

　ゼミの発表や就活でのインターンシップなどにおいては PowerPoint を使ってプレゼンテーションをする機会も格段に増えるでしょう。よくありがちな学生のパターンとしては「このプレゼンは失敗したくない」という想いが強すぎてプレゼンテーションで話す内容を紙やスマホに目一杯メモをしてそれを読み上げるというケースです。失敗したくないという気持ちはわかりますが、メモの棒読みで本当に聴衆の心へと内容が伝わっているのでしょうか。

　もし音読する必要があるのなら録音をして自動で流せば良いのです。PowerPoint にはナレ

ーションを入れる機能があり、自動でプレゼンテーションを実行できます。近年では AI の発達によって違和感なく文字を読み上げてくれるソフトがあります。YouTube のコンテンツの中には内容や映像製作、読み上げもすべて AI で行っているものもあるくらい、近年では人間が介在しなくてもそれなりのクオリティのコンテンツが作れる時代になっています。そうなるとプレゼンテーションをする人は不要ということになります。つまり、わざわざ人間が人の前に立ってプレゼンテーションをするという意味は、「発表者と聴衆がプレゼンテーションを通じてコミュニケーションを行う」ということにほかなりません。先ほどのような発表メモを音読する発表者と聴衆との間でコミュニケーションが成立しているでしょうか。客観的に見るともはや発表者からの一方通行でしかありませんね。

　プレゼンテーションが一方通行でなくコミュニケーションであると考えれば、発表者が心がけるべきことは聴衆の存在です。そうすればおのずと「どうしたら聴衆は理解してくれるか」「今、聴衆は私の言いたいことを理解してくれているだろうか」という気持ちになるはずです。そんな気持ちになれば発表者が注目する視線は手元のメモではなく聴衆の方向ですね。スライドにきちんと論理構成ができており、このスライドでは何を言いたい（言わなければいけない）かが理解できていればほとんどメモを見る必要もなくなるはずです。

　良いプレゼンテーションをしたい人は有名な世界の経営者のプレゼンテーションを動画で調べてみてください。例えば Apple の創業者であった故スティーブ・ジョブズ氏のプレゼンテーションは彼のワクワク感が聴衆に伝わるプレゼンです。しかし奇をてらったことをしているわけでなく、非常にシンプルで「わかりやすいプレゼン」なのです。プレゼンテーションは聴衆とのコミュニケーションであり、ホスピタリティの心を持ってスライドの作成とプレゼンテーションを行うとより伝わるプレゼンテーションとなるのではないでしょうか。

インターネット上の情報と著作権

　インターネット上の情報をいかに活用するかが情報化時代を生きていくためには重要です。プレゼンテーション資料の作成プロセスにおいてもインターネット上の情報を活用しないというのは現実的ではありません。しかし、インターネット上のデータにも当然のことながら著作権が存在し、二次利用については制限が設けられているものもあります。写真データやイラストといった画像データはスライドを魅力的に見せる上で多用することも多いと思われますが、インターネット上の画像は無断で利用できるとは限らないのでスライド内に利用する際は慎重に行うことが必要です。

PowerPoint

Chapter 1
スライドの作成

1 PowerPointの画面

画面に特徴があります

PowerPointの画面

PowerPointのファイルを開く、もしくは新規作成を行うと画面のようなスライドを作成する画面になります（図1-1）。プレゼンテーションを行うときは **スライドショー** を実行します。

① 中央の大きな部分は **スライド**ペインと呼び、スライドを編集する領域となります（図1-1）。

図1-1

② スライドに文字を入力したり、グラフや表などを入力したりするための領域をプレースホルダーと呼びます（図1-1）。

③ 各スライドの縮小イメージが一番左側のサムネイルペインへ順番に表示されます（図1-1）。

④ 画面の表示モードを **ステータスバー** の右下のアイコンから切り替えることも可能です（図1-2）。

⑤ 右下の **ズームスライダー** でスライドの表示サイズを変更できます（図1-2）

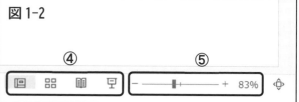

図1-2

2　スライドの挿入

【ホーム】▶【スライド】▶【新しいスライド】

追加したいスライド位置を選ぶには

① 左側のサムネイルペインから追加したいスライドの位置を選択。選択したスライドの次の位置に新しくスライドが挿入されます（図1-3）。

② **新しいスライド**ボタンをクリック（図1-3）。

③ **タイトルとコンテンツ** のスライドが新しく追加されます（図1-4）。

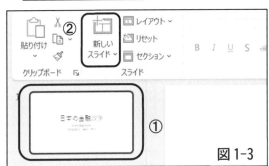

スライドのレイアウトを選んで挿入するには

① **ホーム**タブ－**新しいスライド** の▼ボタンをクリック（図1-5）。

② 白紙のスライドを挿入する場合は **白紙** を選択（図1-6）。

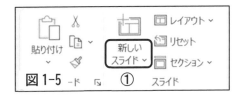

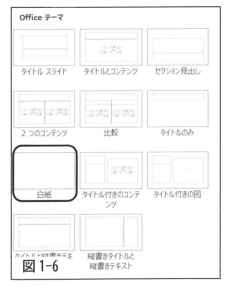

3　スライドのレイアウト変更

【ホーム】▶【スライド】▶【レイアウト】

レイアウトを変更するには

　この例では、2枚目のスライドを **タイトルとコンテンツ** のレイアウトから **2つのコンテンツ** のレイアウトに変更します。

① 変更したいスライドを、左側のサムネイルペインでクリック(図1-7)。

② **ホーム**－**スライド**グループ－**レイアウト** ボタンをクリック(図1-7)。

③ 一覧から **2つのコンテンツ** を選択(図1-8)。

④ 新しいレイアウトになりました(図1-9)。

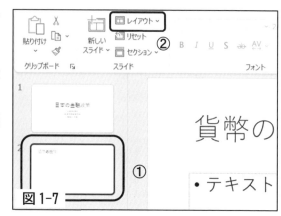

図1-7

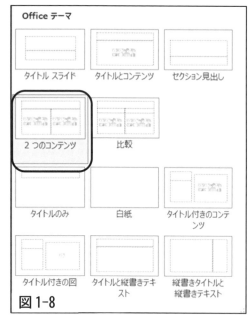

図1-8

図1-9

4　スライドの削除

【サムネイルペイン】▶ Delete キーもしくは Backspace キーで削除

スライドを削除するには

① サムネイルペインで削除したいスライドをクリックして選択（図1-10）。

② Delete キーもしくは Backspace キーを押します。右クリックメニューから **スライドの削除(D)** を選択しても削除が可能です（図1-11）。

図1-10

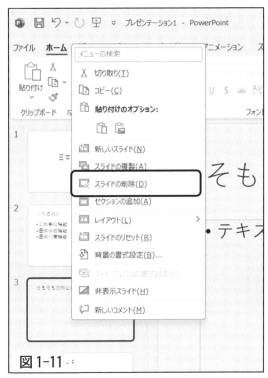

図1-11

Column　スライドを一覧表示する

左側のサムネイルペインでは、スライド枚数が多くなった場合に位置がとらえにくくなるので、スライドを一覧で表示させる機能を使いましょう。**表示タブ**－**プレゼンテーションの表示**グループ－**スライド一覧**ボタンをクリックしてください。元に戻すには **標準** ボタンをクリックします（図1-12）。

図1-12　プレゼンテーションの表示

5　スライドの移動

【サムネイルペイン】▶ スライドを選択してドラッグ＆ドロップ

スライドの移動をするには

① 移動するスライドをサムネイルペインでクリックして選択（図1-13）。

② 移動したいスライドの位置まで、マウスでドラッグ（図1-13）。

③ 自動でスライドの順番が変わるので、移動したいスライドの下でスライドをドロップ（図1-14）。

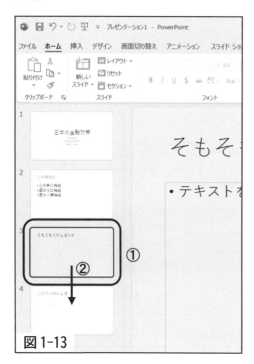

図1-13

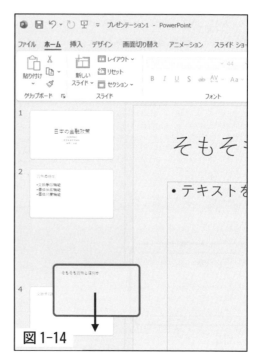

図1-14

Column　複数のスライドを選択する

　複数のファイルを削除する際に1枚1枚のスライドを選択していたのでは効率がよくありません。連続したスライド、たとえば2枚目から4枚目までのといった3枚のスライドを選択したい場合、Shift キーを押しながらそれぞれをクリックしましょう。また、飛び飛びになって離れているスライド、2枚目と5枚目などという場合では、Shift キーの代わりに Ctrl キーを押しながら選択ができます。

PowerPoint

Chapter 2
入力と編集

6 プレースホルダーのサイズと位置変更

プレースホルダーの枠をクリックしてから変更

サイズ変更や移動のできる状態

　プレースホルダーをクリックします。プレースホルダーに入力可能な状態ではプレースホルダーが細かな点線で表示されています。このときプレースホルダーの枠をクリックするか、または F2 キーを押すとプレースホルダーが選択された状態になります。

サイズの変更

① プレースホルダーの枠にある、〇の部分のいずれかをクリックします（図 2-1）。

② プレースホルダーの枠線が変化したら、変えたいサイズにマウスでドラッグします。

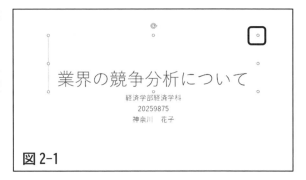

図 2-1

位置の変更

　プレースホルダーの枠にある、〇以外の部分をクリックしてマウスでドラッグします。プレースホルダーをクリックしてキーボードの矢印キーを使うことでも可能です。

Column　プレースホルダーの削除

　プレースホルダーを選択して DEL キーを押します。プレースホルダーを選択するときは、プレースホルダーの中をクリックしてしまうとプレースホルダー内のテキストを編集するモードになってしまいます。選択をする際はプレースホルダーの枠線をクリックすることに注意しましょう。

7 箇条書きのレベル変更

行頭で Tab キーを押します

箇条書きのレベルを変えるには

① Enter キーを押すと同レベルの箇条書きの行頭記号が出てきます(図2-2)。

② 行頭記号の次の位置にカーソルを置いて Tab キーを押す(図2-3)。

③ **ホーム**タブ－**段落**グループ－**インデントを増やす**ボタンをクリックしても可能です(図2-4)。

④ 箇条書きを元に戻すには行頭記号の次の位置にカーソルを置き Shift + Tab キー押す。

⑤ **インデントを減らす**ボタンをクリックしても元に戻せます(図2-5)。

図2-2

図2-3

図2-4

図2-5

Column 箇条書きで行頭文字を付けずに改行する

箇条書きでは Enter キーを押すと行頭文字が自動で現れます。行頭の文字を出さずに改行したいときもあるでしょう。このとき Enter キーの代わりに、 Shift + Enter キーで行頭文字のない改行ができます。

8 箇条書きの行頭文字変更

【ホーム】▶【段落】▶【箇条書き】

箇条書きの種類を選ぶには

① 変更したいプレースホルダーの枠をクリックして選択(図2-6)。

② **ホーム**タブ－**段落**グループ－**箇条書き**ボタンの▼をクリック(図2-7)。

③ 一覧の中から変更したいものを選んでクリック(図2-8)。

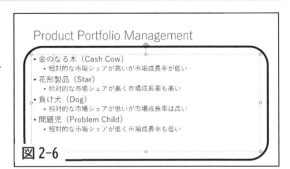

図 2-6

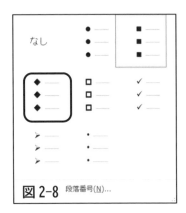

図 2-8

図 2-7

特定の行だけを変更

特定の行のみ記号を変更することも可能です。Ctrl キーを押しながらプレースホルダー内の変更したい行を選択して反転します。**ホーム**タブ－**段落**グループ－**箇条書き**ボタンの▼をクリックして**塗りつぶしひし形の表頭文字**を選びます(図 2-9)。選択した行のみが変更されました。

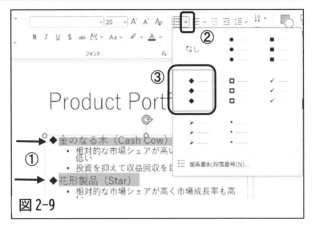

図 2-9

9 行間の変更

【ホーム】▶【段落】▶【行間】

見やすい箇条書きにするには

① プレースホルダー内の行間を変更したい行をクリック(図 2-10)。

② **ホーム**タブ−**段落**グループ−**行間**ボタンをクリック(図 2-11)。

③ ここでは **行間のオプション** を選択(図 2-12)。

④ **段落後** に値を設定。ここでは 24pt を入力しました(図 2-13)。

⑤ 3 行目と 4 行目の間が広がりました(図 2-14)。

図 2-10

図 2-11

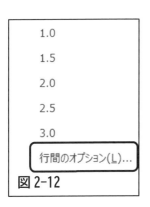
図 2-12

図 2-13

さまざまな行間

行間のオプションで設定可能な行間には**行間**、**段落前**、**段落後**の 3 つが指定できます。上記の操作では**段落後**から設定しましたが**段落前**から任意の幅を指定して見やすくすることも可能です。

図 2-14

10　任意の位置への文字入力

【挿入】▶【テキスト】▶【テキストボックス】

好みの位置に文字を入力するには

① <u>挿入</u>タブ－**テキスト**グループ－**テキストボックス** の▼ボタンをクリック（図 2-15）。**横書きテキストボックス** から入力。

② スライド上の文字を入力したい位置でクリックすると、**テキストボックス** が出現（図 2-16）。

③ **ホーム**タブ－**フォント**グループ－**フォント サイズ** からフォントのサイズを変更しキーボードから文字を入力（図 2-17）。

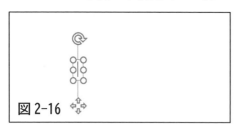

位置を揃えるには

① 揃えたいテキストボックスを、 Shift キーまたは Ctrl キーを押しながらクリックして選択。

② **ホーム**タブ－**図形描画**グループ－**配置**ボタンをクリックして、**オブジェクトの位置**－**配置(A)**－**左揃え(L)** を選択（図 2-18、図 2-19、図 2-20）。

③ 次に、同様の手順で **上下に整列(V)** を選択すると上下等間隔に配置されます（図 2-20）。

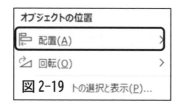

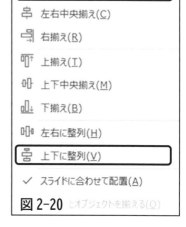

11　アウトライン機能による文字入力

【表示】▶【プレゼンテーション】▶【アウトライン】

アウトライン機能の利用

アウトライン機能では段落や各スライドの構成を考えながら箇条書きの要領で入力するので、より論理的でわかりやすいスライドを作ることができます。

図 2-21　プレゼンテーションの表示

① **表示**タブ－**プレゼンテーションの表示**グループ－**アウトライン表示** をクリック（図 2-21）。左側にアウトラインを表示する領域（アウトラインペイン）が出現します（図 2-22）。

② スライドのタイトルをアウトラインペインに入力します。

③ Enter キーを押すと **次のスライド** に **タイトルとコンテンツ** のスライドが自動的に追加されます。

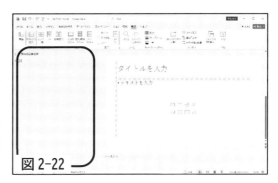
図 2-22

④ コンテンツプレースホルダー内の改行もアウトラインからの入力が反映されます（図 2-23）。アウトライン表示を終了するには **表示**タブ－**プレゼンテーションの表示**グループ－**標準**ボタンをクリック（図 2-24）。

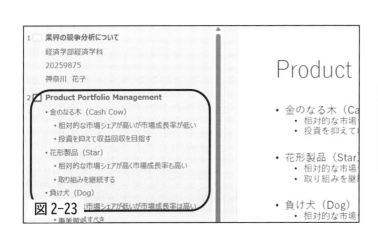
図 2-23

図 2-24　プレゼンテーションの表示

12　ノートの利用

ステータスバーからノートを表示して編集

ノート機能とは

　プレゼンテーションでは話す内容をどこかにメモをしておきたいことがあります。PowerPoint では **ノート**機能というスライドには表示されないメモを記録しておくことが可能です。プロジェクター等にスライドショー画面を表示しておき、PC 上の **発表者ツール** 上ではノートの内容を自分だけに表示させることができます。

ノートの入力

①　ステータスバーから **ノート**ボタンをクリック（図 2-25）。

図 2-25

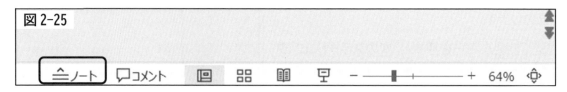

②　スライドペインの下にノートを入力する領域が出現します（図 2-26）。この **ノート**ペインにノートを記入します。改行や箇条書きも利用できます。

　ノートペインに記入した内容は、プレゼンテーションで表示されるスライドには表示されません。プレゼンテーション時にノートの内容を自分（発表者）だけに表示したい場合は **発表者ツール** を利用します。**発表者ツール** の表示方法は「56　発表者ツールの利用」を参照してください。また、ノートの内容をスライドとともに印刷することも可能です。印刷については「65　スライドとノートの印刷」も参照してください。

PowerPoint

Chapter 3
スライドのデザイン

13 テーマの設定

【デザイン】▶【テーマ】

デザインを選ぶには

① **デザイン**タブ－**テーマ**グループから好みのデザインを探します（図 3-1）。

図 3-1

② 表示されているテーマにマウスポインターを置くと、自動で **スライド**ペインにプレビューされます（図 3-2）。

③ **その他**ボタンをクリックすると、一覧でテーマが表示されます。好きなテーマを選んでクリックするとすべてのスライドにデザインが適用されます（図 3-3）。

図 3-2

図 3-3

Column　オリジナリティのあるテーマにする

　テーマはデザインや配色、フォントの種類・形・色・大きさ、配色などから構成されています。スライドマスターの知識があればオリジナリティのあるスライドに変化させることも可能です。スライドマスターについては「19　スライドマスターの変更」を参照してください。

14 画像の挿入

【挿入】▶【画像】

画像を挿入するには

① **挿入**タブ－**画像**グループ－**画像**ボタンをクリック(図 3-4)。

② PC 内の画像を貼り付けたい場合は **このデバイス...(D)** を選択(図 3-5)。

③ ここでは **ストック画像...(S)** を選択(図 3-5)。

④ ストック画像を選択するダイアログが現れます(図 3-6)。

図 3-4

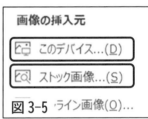

図 3-5

図 3-6

図 3-7

Column ストック画像とオンライン画像

オンライン画像 というインターネットの Bing 検索を利用した素材も選択できます(図 3-7)。インターネット上にある画像を手軽に利用できますが、著作権の関係で自由に使える画像であるとは限りません。このため **Creative Commons** のみにチェックを入れて検索し、その利用条件についても確認するのが無難です。

15　画像のトリミング

【図の形式】／【書式】▶【サイズ】▶【トリミング】

トリミングをするには

① トリミングしたい画像をクリックして選択し、**図の形式**タブ－**サイズ**グループ－**トリミング**ボタンをクリック（図 3-8）。

図 3-8

② 画像を囲むマークが変わり、内側にドラッグさせて不要な部分を削っていきます（図 3-9）。

③ トリミングを終了するには Esc キーを押すか、画像以外のスライド部分をクリックします。

図 3-9

画像の調整

① 画像をクリックして選択し **図の形式**タブ－**調整**グループから、色合いやアート効果などを変更します。

② **図の形式**タブ－**調整**グループ－**色**ボタンをクリックして **ウォッシュアウト** を選ぶと、背景画像として使いやすいうっすらとした画像になります（図 3-10、図 3-11）。

図 3-10

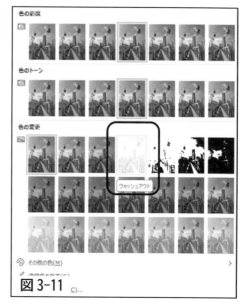

図 3-11

16　背景画像の挿入

【デザイン】▶【ユーザー設定】▶【背景の書式設定】

背景画像を設定するには

① **デザイン**タブ－**ユーザー設定**グループ－**背景の書式設定**をクリック(図 3-12)。

② **塗りつぶし(図またはテクスチャ)(P)** をクリックし、**画像ソース－挿入する(R)**ボタンをクリック(図 3-13)。

③ **図の挿入**ダイアログボックスの **ファイルから** を選択し PC 内のファイルを挿入(図 3-14)。

④ 現在編集中のスライドにのみ画像ファイルが挿入されます。

⑤ **背景の書式設定**ウインドウにある **すべてに適用(L)**ボタンをクリックすると、すべてのスライドに同じ背景が挿入されます(図 3-15)。

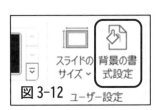
図 3-12　ユーザー設定

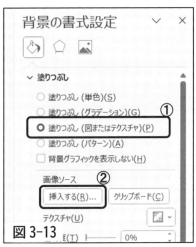
図 3-13

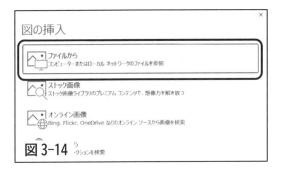
図 3-14

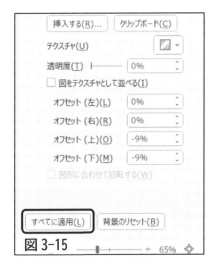
図 3-15

17　映像の挿入

【挿入】▶【メディア】▶【ビデオ】

映像を挿入するには

① **挿入**タブ－**メディア**グループ－**ビデオ**ボタンをクリック(図3-16)。

② **このデバイス(T)** をクリックして映像を選択(図3-17)。

③ **ビデオの挿入**ダイアログボックスから映像を選択して **挿入**ボタンをクリック(図3-18)。

④ ビデオ映像が挿入されました。挿入した動画が選択されている状態では下にある **再生ボタン** で再生できます(図3-19)。

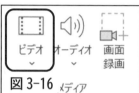

図3-16 メディア

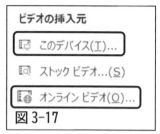

図3-17

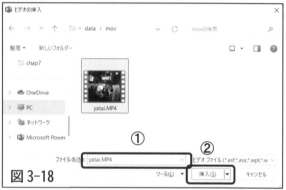

図3-18

図3-19

YouTube等のネット映像を挿入するには

① 上記の作業で **オンライン ビデオ** をクリックし(図3-17)、YouTube等の映像の URL を貼り付けます(図3-20)。

② PC内にある動画とは異なり、動画上に **再生ボタン** が出現します(図3-21)。

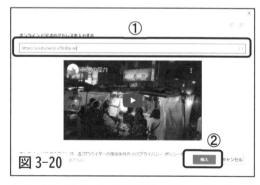

図3-20

図3-21

18　スライド番号の表示

【挿入】▶【テキスト】▶【スライド番号】

スライド番号を表示するには

① **挿入**タブ－**テキスト**グループ－**スライド番号**ボタンをクリック(図 3-22)。

図 3-22

② **ヘッダーとフッター**ダイアログボックスから**スライド番号(N)** にチェックを入れ、**すべてに適用**ボタンをクリック(図 3-23)。

③ **すべてに適用(Y)** ではなく **適用(A)** をクリックすると編集中のスライドにのみスライド番号が入力されます(図 3-23)。

④ **ヘッダーとフッター**ダイアログボックスで **タイトルスライドに表示しない(S)** にチェックを入れると、表紙にスライド番号が表示されません(図 3-23)。

図 3-23

⑤ ④の作業で 2 枚目のスライド番号を1から開始するには **デザイン**タブ－**ユーザー設定**グループ－**スライドのサイズ** をクリック(図 3-24)。

⑥ **ユーザー設定のスライドのサイズ(C)** を選択し(図 3-25)、**スライドのサイズ**ダイアログから **スライドの開始番号(N)** を 0 にします(図 3-26)。

図 3-24

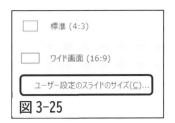
図 3-25

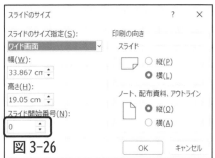
図 3-26

スライド番号を削除する

スライド番号を削除するには **ヘッダーとフッター**ダイアログボックスの **スライド番号(N)** のチェックをはずし **すべてに適用(Y)**ボタンをクリックしてください。編集中のスライドのみの番号を削除するには **適用(A)** をクリックします(図 3-23)。

19 スライドマスターの変更

【表示】▶【マスター表示】▶【スライドマスター】

スライドマスターを開くには

スライドすべてに適用される共通の「ひな形」のようなものをスライドマスターと呼びます。これを編集することですべてのスライドのデザインなどが一度に変更できます。

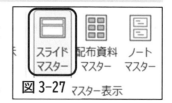

図 3-27 マスター表示

① **表示**タブ－**マスター表示**グループ－**スライドマスター**ボタンをクリック（図 3-27）。

② スライドマスターを閉じるには**スライドマスター**タブ－**閉じる**グループ－**マスター表示を閉じる**ボタンをクリック（図 3-28）。

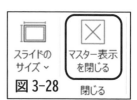

図 3-28 閉じる

スライドマスターの編集

例えば、タイトル領域の右にテキストボックスを入れてみることにします。

① マスターが並んでいる左の領域で上までスクロールして 1 枚目のスライドマスターをクリック（図 3-29）。

② **マスタータイトルの書式設定**のプレースホルダーを狭める（図 3-30）。

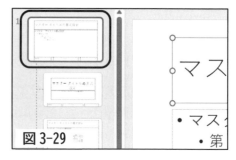

③ 空いた部分にテキストボックスを配置して文字を入力（図 3-31）。

④ スライドマスターを閉じると、各スライドにテキストボックスから入力した文字が入り、スライドマスターによるレイアウト変更が反映されています。

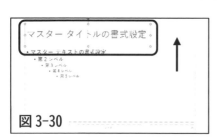

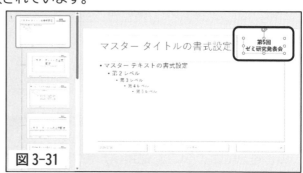

20 スライドすべてに同じ画像を挿入

スライドマスターに画像を挿入

スライドマスターから指定するには

① **表示**タブ－**マスター表示**グループ－**スライドマスター**ボタンをクリック(図3-32)。

② 1枚目のスライドマスターをクリック(図3-33)。

③ 「マスタータイトルの書式設定」のプレースホルダーを狭め、**挿入**タブ－**画像**グループ－**画像**ボタンをクリック。**図の挿入**ダイアログボックスから画像を挿入(図3-34)。

④ **スライドマスター**タブ－**閉じる**グループ－**マスター表示を閉じる**ボタンをクリックし、スライドマスターを閉じます(図3-35)。

⑤ 各スライドの右上に画像が挿入されました(図3-36)。

図3-32 マスター表示

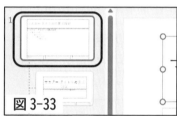
図3-33

図3-34

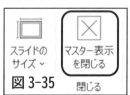
図3-35

図3-36

Column レイアウト別のスライドマスター

ここでは1枚目のスライドマスターを編集しましたがこれは「全スライドに共通したひな形」となります。PowerPointには様々なレイアウトが用意されていますが、各レイアウト別に細かくひな形を設定する場合には、レイアウトに応じた2枚目以降に表示されているスライドマスターを編集します。

21　スライドサイズの変更

【デザイン】▶【ユーザー設定】▶【スライドのサイズ】

A4 縦サイズのスライドにするには

① **デザイン**タブ－**ユーザー設定**グループ－**スライドのサイズ**ボタンをクリック(図 3-37)。

② **ユーザー設定のスライドのサイズ(C)** を選択(図 3-38)。

③ **スライドのサイズ**ダイアログボックスから、**スライドのサイズ指定(S)** で A4 210 × 297 mm を選択(図 3-39)。

④ **印刷の向き** の **スライド** で **縦(P)** のラジオボタンにチェックし、**OK** ボタンをクリック(図 3-39)。

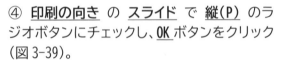
図 3-37　ユーザー設定

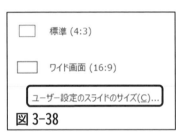
図 3-38

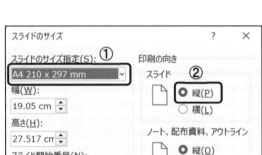
図 3-39

すでに画像が貼り付けてあるスライドでの注意点

スライドのサイズを変更すると、コンテンツをどのように新しいレイアウトに配置するかを決めるダイアログボックスが出現します。幅や高さが狭くなるサイズに変更した場合、すでに入力された画像などのコンテンツが入りきるようにするには、**サイズに合わせて調整**ボタンをクリックします(図 3-40)。

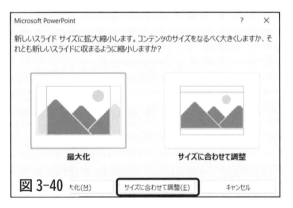
図 3-40

PowerPoint

Chapter 4
表とグラフ

22 表の作成

【コンテンツプレースホルダー】▶【表の挿入】

表機能を使うには

① コンテンツプレースホルダーにある **表の挿入** をクリック（図4-1、図4-2）。

② **表の挿入**ダイアログボックスに列数と行数を入力し、OKボタンをクリック（図4-3）。

③ 表が完成しました（図4-4）。

※ コンテンツプレースホルダーをクリック後に **挿入**タブ－**表**グループ－**表**ボタンから **表の挿入** でも可能です。

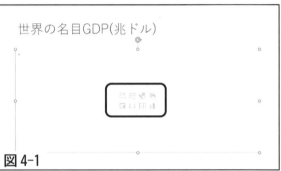
図4-1

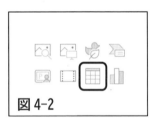
図4-2

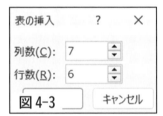
図4-3

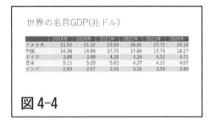
図4-4

表内の体裁を整える

① 表をクリックし、**テーブルレイアウト**タブ－**配置**グループ－**中央揃え** または **右揃え** を選択し、整えたい表内の文字を中央や右に寄せます（図4-5）。

② 表内の各セルの高さや幅を等間隔で揃えるには、揃えたいセルをマウスで選択し、**テーブルレイアウト**タブ－**セルのサイズ**グループ－**高さを揃える** または **幅を揃える** をクリック（図4-5）。

図4-5

23 Excel の表の挿入

コンテンツプレースホルダーを選択してコピーした表を貼り付ける

Excel の表を貼り付けるには

① Excel 上で表を選択してコピー(図 4-6)。

② PowerPoint に切り替えて、**コンテンツプレースホルダー** をクリックし **ホーム**タブ-**貼り付け**ボタンをクリックして貼り付け(図 4-7、図 4-8)。

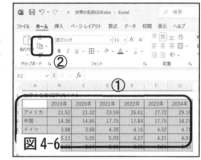

表の形式を選択して貼り付けるには

① Excel 上で表をコピー(図 4-6)。

② PowerPoint に画面を切り替えて、**ホーム**タブ-**貼り付け**ボタンの▼をクリック(図 4-9)。

③ **形式を選択して貼り付け(S)** を選択(図 4-9)。

④ **貼り付ける形式(A)** で **Microsoft Excel ワークシート オブジェクト** を選択し、**OK** ボタンをクリック(図 4-10)。

貼り付けた表をダブルクリックするとExcel モードで編集できます。編集モードを解除するには、スライド内の表以外の部分をクリックします。

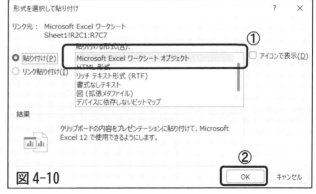

24 グラフの作成

【コンテンツプレースホルダー】▶【グラフの挿入】

グラフ機能を使うには

① コンテンツプレースホルダー内の**グラフの挿入**をクリック(図4-11、図4-12)。

② **グラフの挿入**ダイアログボックスから集合縦棒グラフを選択し、**OK**ボタンをクリック(図4-13)。

③ サンプルデータが入力された **Microsoft PowerPoint 内のグラフ** というワークシートからデータを直接編集(図4-14)。

④ データ入力後ワークシートを閉じると集合縦棒グラフが完成(図4-15)。

　※ コンテンツプレースホルダーをクリック後に **挿入**タブ-**図**グループ-**グラフ**ボタンでも同様の操作が可能です。

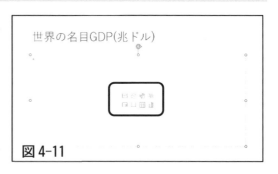
図4-11

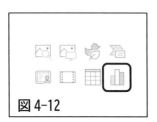
図4-12

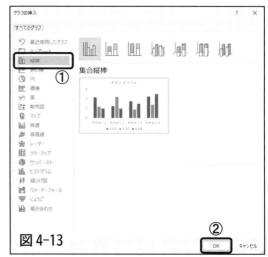
図4-13

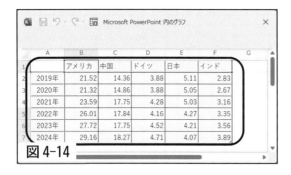
図4-14

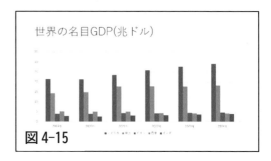
図4-15

25　グラフの種類の変更

【グラフのデザイン】▶【グラフの種類の変更】

棒グラフから折れ線グラフへ変更するには

① グラフエリアの枠をクリックしてグラフを選択し、**グラフのデザイン**－**種類**グループ－**グラフの種類の変更**ボタンをクリック（図 4-16）。

② **グラフの種類の変更**ダイアログボックスから **折れ線** を選択して **OK** ボタンをクリック（図 4-17）。

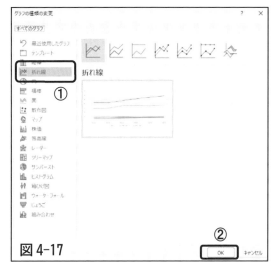

折れ線を太くする

① **プロットエリア** の折れ線を 1 回クリックして選択したら、右クリックして **データ系列の書式設定(F)** をクリック（図 4-18）。

② **データ系列の書式設定**ウインドウから **塗りつぶしと線** のアイコンをクリックし **幅** を 5pt に変更（図 4-19）。

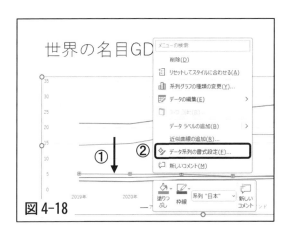

26 複合グラフへの変更

【グラフの種類の変更】▶【組み合わせ】

棒グラフの1つを折れ線グラフに変更する

① グラフの枠をクリックしたら、**グラフのデザインタブ**－**グラフの種類の変更**ボタンをクリック（図4-20）。

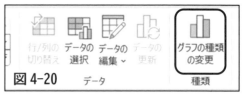
図4-20

② **グラフの種類の変更**ダイアログボックスから**組み合わせ**を選択（図4-21）。

③ 折れ線にしたいデータ系列を選び、**第2軸**チェックボックスにチェックを入れ、**グラフの種類**を**折れ線**へと変更（図4-21）。

④ 棒グラフと折れ線グラフが混在したグラフが完成。右に新しくできた縦軸が**第2軸**となり、折れ線のためのデータを表します（図4-22）。

⑤ **第1軸**は左側の縦軸となりますが、棒グラフなのか折れ線グラフのデータなのか判別できないため、グラフをクリックして選択し、**グラフのデザイン**タブ－**グラフのレイアウト**グループ－**グラフ要素を追加**－**軸ラベル(A)**－**第1縦軸(V)**、同じく**第2縦軸(Y)** から軸ラベルを追加（図4-23）。

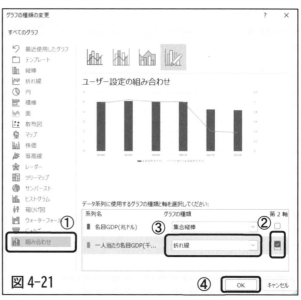
図4-21

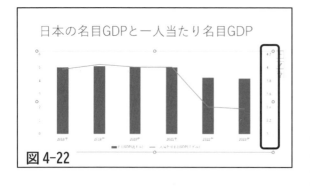
図4-22

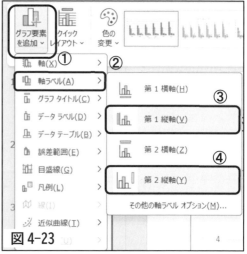
図4-23

27　グラフデータの再編集

【グラフのデザイン】／【デザイン】▶【データの編集】

データを再編集するには

① グラフの枠をクリックしてグラフを選択し、**グラフのデザイン**タブ－**データ**グループ－**データの編集**ボタンをクリック（図4-24）。

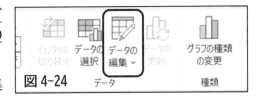

図4-24

② スプレッドシートが起動するのでデータを編集（図4-25）。

③ 編集が終わったらスプレッドシートを閉じる（図4-25）。

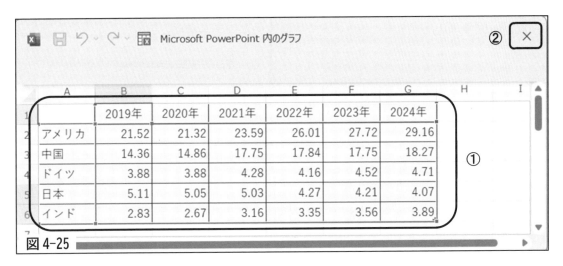

図4-25

Column　グラフにおける系列の列方向と行方向

グラフ作成機能は自動でグラフを作成してくれますが、データの行と列とを入れ替えたいケースもあるかもしれません。このページの操作でデータシートの編集モードにした上で、PowerPoint で **グラフのデザイン**タブ－**データ**グループ－**行/列の切り替え**ボタンをクリックします（図4-26）。

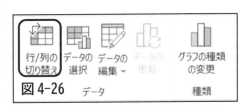

図4-26

28 Excelのグラフの挿入

コンテンツプレースホルダーを選択してコピーしたグラフを貼り付ける

Excelのグラフを貼り付けるには

① Excel上でグラフを選択してコピー（図4-27）。

② コンテンツプレースホルダーをクリックし、**ホーム**タブ－**クリップボード**グループ－**貼り付け**ボタンをクリックしてグラフを貼り付け（図4-28、図4-29）。

③ コンテンツプレースホルダー内にグラフが出現（図4-30）。

※ コピー元のExcelファイルとデータがリンクされています。スライドの編集中にコピー元のExcelファイルを開いている場合には、コピー元のExcelファイルを直接編集することでPowerPoint内のグラフが更新できます。Excelワークシートのデータ編集については「27 グラフデータの再編集」も参考にしてください。

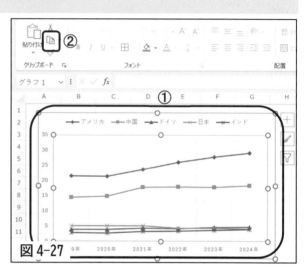

図4-27

図4-28

図4-29

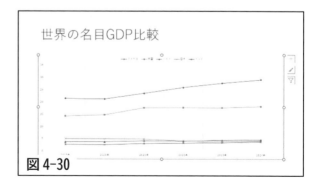

図4-30

PowerPoint

Chapter 5
図形

29　組織図やピラミッド図の挿入

プレースホルダーをクリックして【SmartArt グラフィックの挿入】

組織図やピラミッドを挿入するには

① コンテンツプレースホルダー内の **SmartArt グラフィックの挿入**をクリック(図5-1、図5-2)。

図5-1

② **SmartArt グラフィックの選択**ダイアログボックスから **階層構造** を選び、**組織図** をクリックして **OK** ボタンをクリック(図5-3)。

③ スライドに挿入された組織図内の図形をクリックし、文字を左側の **テキストウインドウ** から箇条書きの要領で入力すると組織図が完成(図5-4、図5-5)。

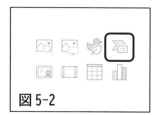

図5-2

テキストウインドウが表示されていない場合は、**SmartArtのデザインタブ**-**グラフィックの作成**グループ-**テキスト ウインドウ** をクリック(図5-6)。

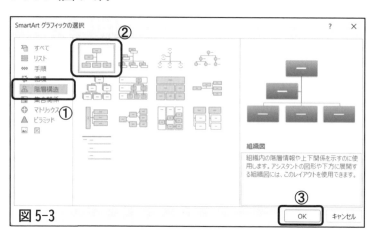

図5-3

図5-4

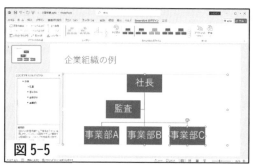

図5-5

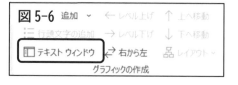

図5-6

30 組織図への図形追加

【SmartArtのデザイン】／【デザイン】▶【グラフィックの作成】▶【図形の追加】

組織図に図形を追加するには

① 追加したいレベルの図形をクリックして選択(図5-7)。

② **SmartArtのデザイン**タブ－**グラフィックの作成**グループ－**図形の追加**ボタンの▼をクリック(図5-8)。

③ 同じレベルに図形を追加するには一覧から **後に図形を追加(A)** を選択(図5-9)。

④ 同じレベルに図形が追加されました(図5-10)。

⑤ 下位のレベル(「子」のレベル)に図形を追加するには、③で **図形の追加**ボタンの▼をクリックして **下に図形を追加(W)** を選択(図5-9)。

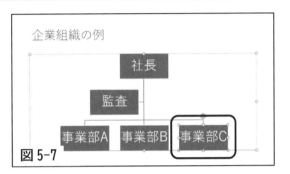
図5-7

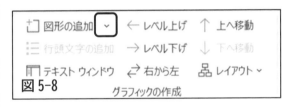
図5-8

階層構造 ではクリックした図形のどの階層(レベル)に図形を使いたいのかを考えて追加する場所を選択します。なお、他のSmartArtでも **図形の追加** の操作によって同様に図形が追加できます。

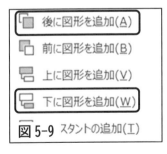
図5-9

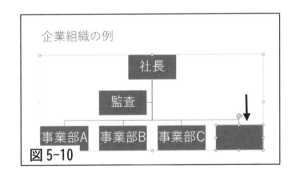
図5-10

31　箇条書きから SmartArt への変更

箇条書きのプレースホルダーを選択して【SmartArt グラフィックに変換】

箇条書きを SmartArt に変更するには

① 箇条書きのあるプレースホルダーをクリック(図 5-11)。

② **ホーム**タブ－**段落**グループ－**SmartArt に変換**ボタンをクリック(図 5-12)。

③ ここでは **横方向箇条書き リスト** を選択(図 5-13)。

④ 箇条書きが SmartArt に変化しました(図 5-14)。

図 5-11

図 5-12

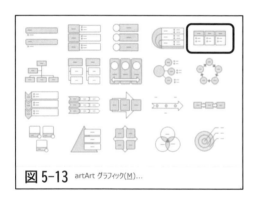
図 5-13　artArt グラフィック(M)...

図 5-14

SmartArt のスタイルや色を変更する

① SmartArt を選択し、**SmartArt のデザイン**タブ－**SmartArt のスタイル**グループから簡単にグラデーションや 3D スタイルに変更することができます(図 5-15)。

② SmartArt のカラースタイルを変更するには、同じく **SmartArt のスタイル**グループ－**色の変更**ボタンをクリックします(図 5-15)。

図 5-15

32　図形を描く

【挿入】▶【図】▶【図形】

図形を描く

① **挿入**タブ－**図**グループ－**図形**ボタンをクリック（図5-16）。

② 図形の種類を選択（図5-17）。図形は 線 を含めて9つのジャンルに分類されています。

図5-16

③ 画面のような **四角形：角を丸くする** の場合、対角線を引くように（図の矢印のように）マウスをドラッグ（図5-18）。

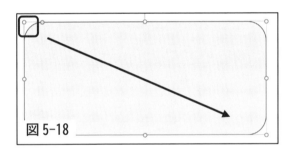

図5-18

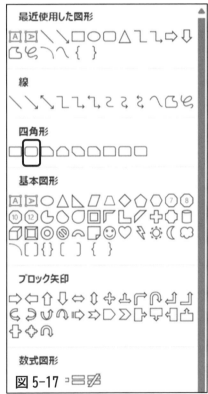

図5-17

配色の設定

　完成した図形には自動で色が付けられています。これはスライドのデザインの中の **配色** によるものです。**配色** の設定は **デザイン**タブ－**バリエーション**グループのボタンから **配色** をクリックして好みの配色にすることができます（図5-19）。

図5-19　　　　バリエーション

33 直線を描く

【挿入】▶【図】▶【直線】▶【線】

直線を描くには

① 挿入タブ－図グループ－図形ボタンをクリック。この中から 線 のカテゴリ－線 を選択（図 5-20、図 5 -21）。

② マウスポインターが＋の形になり、そのままマウスをドラッグすると線が引けます。ボタンを離したところまで線が引けます。

③ 線の太さや形状を変更するには、線をクリックして選択し、**図形の書式**タブ－**図形のスタイル**グループ－**図形の枠線**ボタンをクリック。点線や矢印、任意の太さに変えることや色を付けることも可能です。

図 5-20

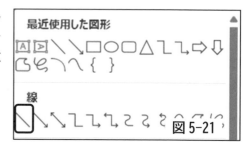

図 5-21

Column 描画モードをロックして同じものを描く

最初に 挿入タブ－図グループ－図形ボタンをクリックして、描きたい図形を探します。その画像のアイコンを右クリックし、**描画モードのロック** を選択します（図 5-22）。マウスポインターが＋となって、何度も 図形 を選択しなくても描くことができます。**描画モードのロック** を終了したい場合には Esc キーを押します。

図 5-22

34 曲線を描く

【挿入】▶【図】▶【図形】▶【曲線】

曲線を描くには

① **挿入**タブ-**図**グループ-**図形**ボタンをクリック（図5-23）。

② **線** のグループから **曲線** を選択し、マウスポインターが＋になったことを確認（図5-24）。

図5-23

③ 始点をクリックし、曲線の「山」となる通過点を1回クリック（図5-25）。

④ 終点でダブルクリックすると曲線が完成（図5-25）。

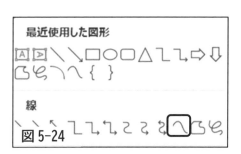

図5-24

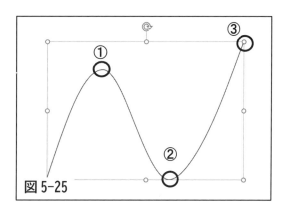

図5-25

Column グリッドとガイドを利用する

たとえば、2次曲線のような左右非対称の曲線を描きたい場合、曲線の山が中心にくるように描く必要があります。便利なのが、グリッドとガイドの機能です。**表示**タブ-**表示**グループ-**グリッド線** と **ガイド** にそれぞれチェックを入れます（図5-26）。**グリッド線** によって方眼紙のように表示され、**ガイド** によって垂直、水平方向の中心がわかりやすくなるので、きれいに図を描くことができます。

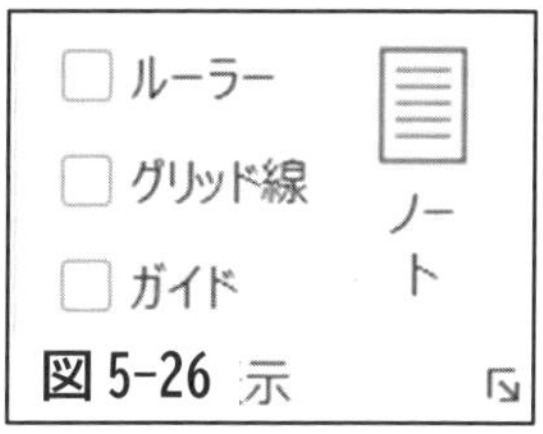

図5-26

35　図形への文字入力

図形を選択してキーボードから文字を入力

図形に文字を入力するには

① 図形をクリックして選択(図5-27)。

② キーボードから文字を入力するとそのまま図形に文字が入力されます(図5-28)。

③ 文字を大きくするには、プレースホルダーの枠をクリックして選択し、**ホーム**タブ－**フォント**グループ－**フォント サイズの拡大**ボタンをクリック(図5-29)。

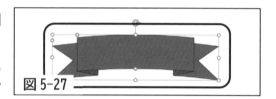

図5-27

図5-28

図5-29

縦書きに変更する

① 図形をクリックして選択し、**ホーム**タブ－**段落**グループ－**文字列の方向**ボタンをクリック(図5-30)。

② **縦書き(V)** を選択するとプレースホルダー内の文字が縦書きになります(図5-31)。このとき半角の文字は縦にならないので、半角の文字も縦にするには **縦書き(半角文字含む)(S)** を選択します。

図5-30

図5-31

36　図形の色や線の修正

【図形の書式】▶【図形のスタイル】▶【図形の塗りつぶし】／【図形の枠線】

図形の色を変更するには

① 図形をクリックして選択し、**図形の書式**タブ－**図形のスタイル**グループ－**図形の塗りつぶし**ボタンをクリック（図 5-32）。

② 変更したい色を一覧から選択（図 5-33）。

　※ 同様の作業は、**ホーム**タブ－**図形描画**グループ－**図形の塗りつぶし**ボタンでも可能です。

図 5-32

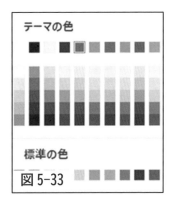

図 5-33

図形の枠線を変更するには

① 図形をクリックして選択し、**図形の書式**タブ－**図形のスタイル**グループ－**図形の枠線**ボタンをクリックして色を選択（図 5-34）。

② **図形の枠線** から **太さ(W)** をクリックして太さを選択（図 5-35）。

③ **枠線なし(N)** を選択すると、塗りつぶしのみの図形となります。逆に枠線だけに色を付けたい場合は **図形の塗りつぶし** で **塗りつぶしなし(N)** を選んでください（図 5-35）。

図 5-34

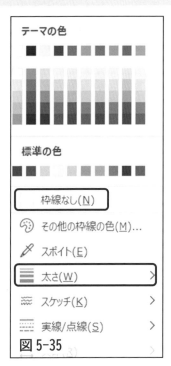

図 5-35

37　図形のスタイル設定

【ホーム】▶【図形描画】▶【クイックスタイル】

クイックスタイルを利用するには

① 図形をクリックして選択し、**ホーム**タブ－**図形描画**グループ－**クイックスタイル**ボタンをクリック(図 5-36)。

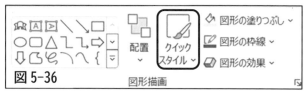
図 5-36

② **クイックスタイル** の一覧からスタイルを選択(図 5-37)。

クイックスタイルを指定することで、図形の塗りつぶしと枠線と効果が自動で設定されます。

※ クイックスタイルと同様の作業は **図形の書式**タブ－**図形のスタイル**グループからも可能です(図 5-38)。

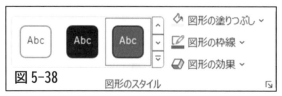
図 5-38

図 5-37

Column 同じ図形や直線をコピーして貼り付ける

1つ1つ手作業で同じ図形を作成してしまうとサイズがバラバラになり見栄えが良くありません。そこで、コピーしたい図形に対して Ctrl キーとマウスの左ボタンを同時に押しながらドラッグしてください。マウスの左ボタンを離すと図形がコピーされます。

38 図形を立体的にする

【図形の書式】▶【図形のスタイル】▶【図形の効果】

図形を立体的に見せるには

① 立体的にしたい図形をクリックして選択(図5-39)。

② **図形の書式**タブ-**図形のスタイル**グループ-**図形の効果**ボタンをクリック(図5-40)。

③ **標準スタイル(P)** の **標準スタイル 11** を選択(図5-41)

④ 図形が変化しました(図5-42)。**標準スタイル** 以外を選ぶと細かな影や反射などの設定ができます。

※ 同様の作業は、**ホーム**タブ-**図形描画**グループ-**図形の効果** からでも可能です(図5-43)。

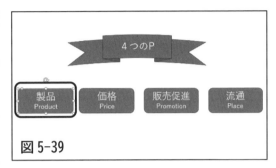

図 5-39

図 5-40

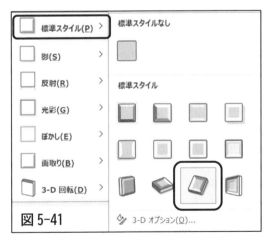

図 5-41

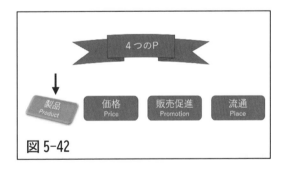

図 5-42

図 5-43

39　図形の回転・反転

【図形の書式】▶【配置】▶【回転】

図形を回転・反転させるには

① 図形をクリックして選択（図 5-44）。

② **図形の書式**タブ－**配置**グループ－**回転** をクリック（図 5-45）。

③ 左へ回転させる場合は **左へ 90 度回転(L)** を選択（図 5-46）。

④ 左右にひっくり返したい場合は **左右反転(H)** を選択（図 5-46）。

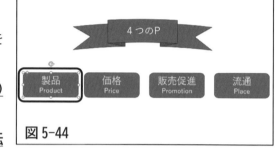

図 5-44

※ 同様の作業は **ホーム**タブ－**図形描画**グループ－**配置**－**回転** からでも可能です。

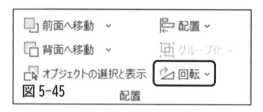

図 5-45

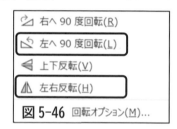

図 5-46

90 度や 180 度ではなく自由な角度で回転させる

① 回転したい図形をクリックすると **回転ハンドル** が存在していることがわかります（図 5-47）。

② **回転ハンドル** をドラッグしながら左右に回転させます（図 5-48）。回転時にはマウスポインターが変化します。

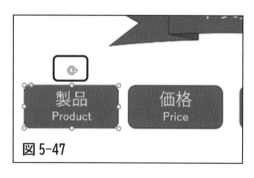

図 5-47

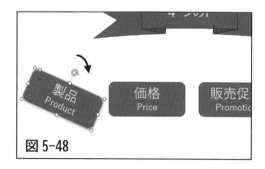

図 5-48

40　図形の重なる順序の変更

【図形の書式】▶【配置】▶【背面へ移動】／【前面へ移動】

隠れている図形を前面に移動するには

① 後ろに配置したい図形をクリックして選択（図5-49）。

② **図形の書式**タブ－**配置**グループ－**背面へ移動** の▼ボタンをクリックして **最背面へ移動(K)** を選択（図5-50、図5-51）。

③ 隠れていた図形が上に現れます（図 5-52）。なお、**図形の書式**タブ－**配置**グループ－**前面へ移動** の▼ボタンをクリックし、**最前面へ移動(R)** を選択すると一番前に移動します。これらの操作は右クリックメニューからでも可能です。

　※ 同様の作業は **ホーム**タブ－**図形描画**グループ－**配置** のメニューからも可能です。

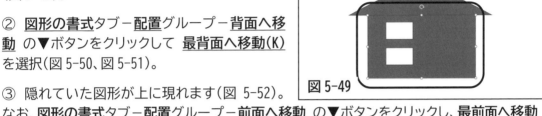

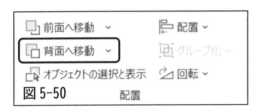

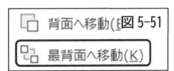

隠れている図形を探すには

　何か図形を選択しておき Tab キーを何度も押していくと、そのスライド内の図形が１つ１つ選択されていきます。もしも大きな図形の下に隠れている図形がある場合には選択されていくのですぐ発見することができます（図5-53）。

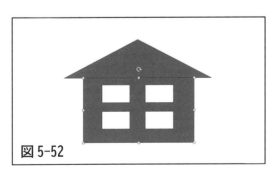

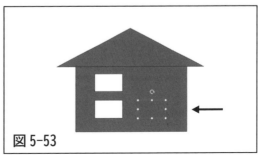

41　図形のグループ化

【図形の書式】▶【配置】▶【グループ化】

グループ化をするには

① 1つのグループとして扱いたい図形を、マウスの左ボタンを押しながらすべての図形を大きく囲むか、 Ctrl キーを押しながら図形を1つ1つクリックしていくことで選択（図5-54）。

② **図形の書式**タブ－**配置**グループ－**グループ化** をクリックして グループ化(G) を選択（図5-55、図5-56）。

③ グループ化をすることで1つの図形として扱えるため、拡大や縮小、アニメーションなどを設定するのが便利になります（図5-57）。

　※ 一連の操作は右クリックメニューからでも可能です。

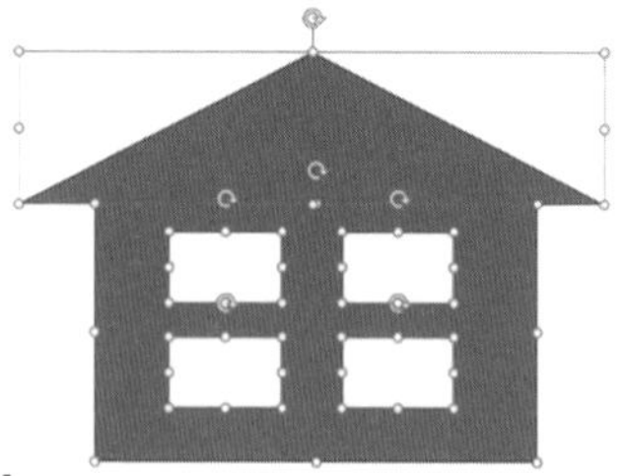

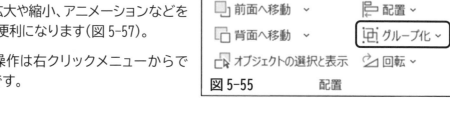

図5-54

図5-55　配置

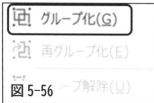

図5-56

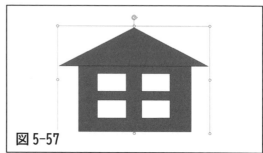

図5-57

グループ化を解除するには

① 解除したい図形をクリック。

② **図形の書式**タブ－**配置**グループ－**グループ化** をクリックして グループ解除(U) を選択（図5-58）。

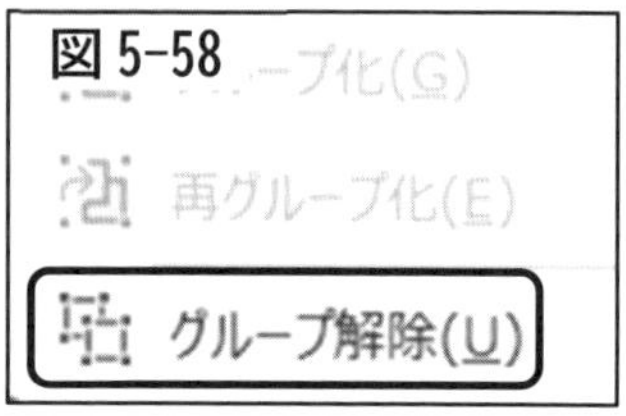

図5-58

42 アイコン

【挿入】▶【図】▶【アイコン】

アイコンを利用するには

アイコンは PowerPoint にあるイラスト集です。モノクロでシンプルですが、図形と同様に色の変更やサイズの変形などもできるためスライドのアクセントとして活用できます。

① **挿入**タブ−**図**グループ−**アイコン**ボタンをクリック（図 5-59）。

図 5-59

② **ストック画像**ダイアログボックスから、アイコンを選んで **挿入**ボタンをクリック（図 5-60）。

③ **アイコンの挿入**ダイアログボックスから検索をすることも可能です。例では **動物** を検索しました（図 5-61）。

④ スライドに挿入すると図形と同様にサイズ変更や回転などが可能です（図 5-62）。アイコンと既存の図形を組み合わせればオリジナリティのある図形を作ることもできます。

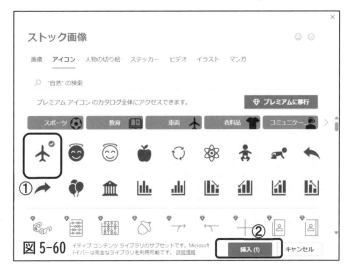

図 5-60

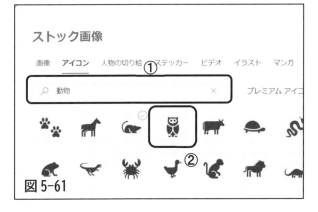

図 5-61

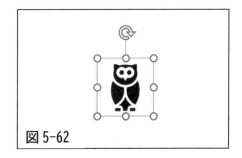

図 5-62

43　3Dモデル

【挿入】▶【図】▶【3Dモデル】

3Dモデルを利用するには

① 挿入タブ－図グループ－**3Dモデル**ボタンをクリック（図5-63）。

② **オンライン3Dモデル** のダイアログボックスから **絵文字** のジャンルを選びました（図5-64）。

③ 絵文字を選択して **挿入** ボタンをクリック（図5-65）。

④ 3Dモデルをスライドに挿入すると、画像の中心に **3Dコントロール** が出現します（図5-66）。

⑤ マウスの左ボタンで **3Dコントロール** を好みの角度に回転（図5-67）。

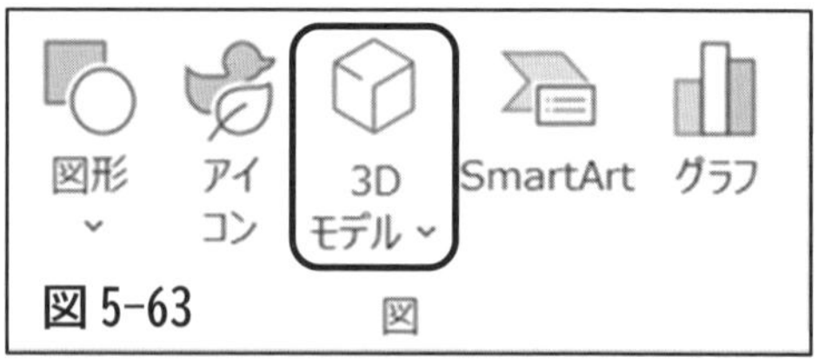

図5-63

図5-64

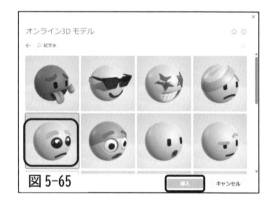

図5-65

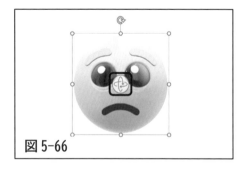

図5-66

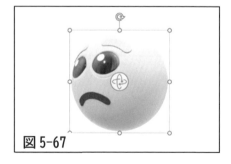

図5-67

PowerPoint

Chapter 6
アニメーション

44　画面切り替え効果の設定と解除

【画面切り替え】タブから効果を選択

画面の切り替え効果を設定するには

① サムネイルペインからスライドを選択（図6-1）。

② **画面切り替え**タブ－**画面切り替え**グループのボタンをクリック（図6-1）。

③ 画面切り替え効果の一覧から最適なものを選択。ここでは 弱 の中から**フェード**を選択しました（図6-2）。

④ サムネイルペインのスライド番号下に★印が付きます（図6-3）。

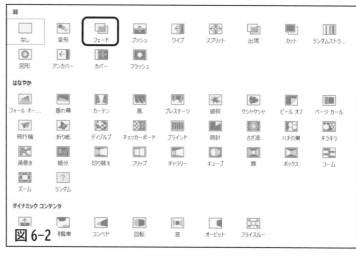

画面切り替えを解除するには

　解除したいスライドを左側のサムネイルペインから選択し、**画面切り替え**タブ－**画面切り替え**グループ－**なし** を選択（図6-4）。

45　画面切り替え効果のスピード設定

【画面切り替え】▶【タイミング】

画面切り替えのスピードを変えるには

① **画面切り替え**タブ－**タイミング**グループ－**期間(D)**ボックスから秒単位で変更ができます（図 6-5）。

図 6-5

② **期間** とは画面が切り替わるまでの時間です。例えば 05.00 と指定した場合は切り替わるのに 5 秒間かかるということになります。ボックス内の▲▼を利用して調整できます（図 6-6）。

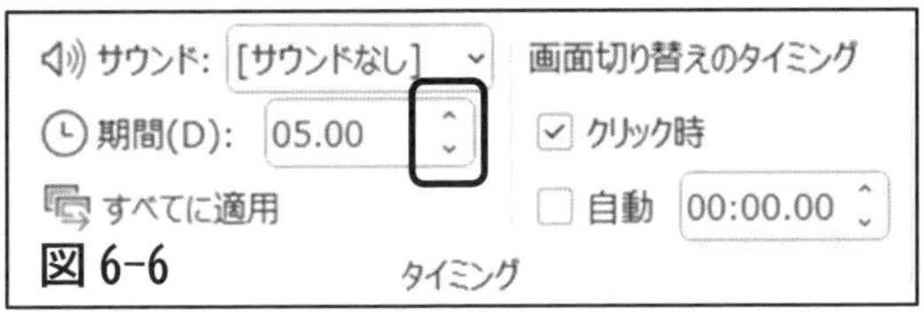

図 6-6

画面切り替え時にサウンドを鳴らすには

① **画面切り替え**タブ－**タイミング**グループ－**サウンド**ボックスの▼をクリック（図 6-7）。ここでは **ドラム** を選択しました。

② 自分で用意したファイルを再生することも可能です。この場合には、サウンドを選択するときに **その他のサウンド** を選びます（図 6-8）。

図 6-7

図 6-8

46　全スライドへの同じ画面切り替え効果の設定

【画面切り替え】▶【タイミング】▶【すべてに適用】

一括で同じ画面切り替え効果を設定するには

① **画面切り替え**タブ−**画面切り替え**グループ−**その他**ボタンをクリックし、**画面切り替え効果**を選択（図6-9）。

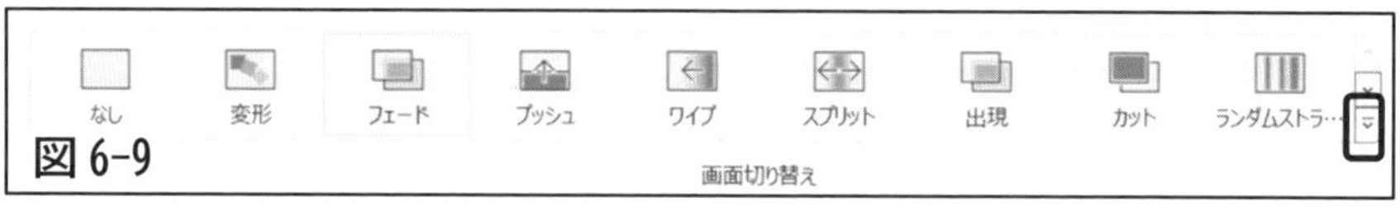

図6-9

② 左側のサムネイルペインを見ると、アニメーションが設定されたスライドには★印が付いています（図6-10）。

③ **画面切り替え**タブ−**タイミング**グループ−**すべてに適用**ボタンをクリック（図6-11）すると、すべてのスライドに★印が付いているのを確認してください（図6-12）。

図6-10

図6-11

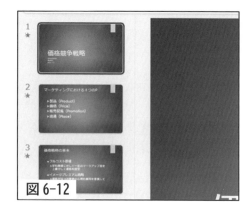

図6-12

すべての画面切り替え効果を解除するには

① **画面切り替え**タブ−**画面切り替え**グループ−**なし**を選択（図6-13）。

② **タイミング**グループにある**すべてに適用**ボタンをクリック（図6-14）。

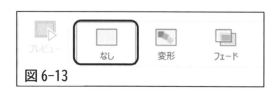

図6-13

図6-14

47 プレースホルダーへのアニメーション設定

【アニメーション】▶【アニメーションの詳細設定】▶【アニメーションの追加】

アニメーションを設定するには

① 設定したいプレースホルダーをクリックして選択(図6-15)。

② <u>アニメーション</u>タブ−<u>アニメーションの詳細設定</u>グループ−<u>アニメーションの追加</u>ボタンをクリック(図6-16)。

③ ここでは <u>開始</u>グループの <u>スライドイン</u> を選択しました(図 6-17)

④ プレースホルダーの左に番号が付きます。この番号の順番でスライド内アニメーションが実行されます。またサムネイルペイン内にも★印が付きます(図6-18)。

⑤ 気に入ったものが一覧に表示されていなければ <u>アニメーションの追加</u>ボタンをクリックして、一番下にある <u>その他の開始効果(E)</u>、<u>その他の強調効果(M)</u>、<u>その他の終了効果(X)</u>、<u>その他のアニメーションの軌跡効果(P)</u> をそれぞれクリックして探します(図6-19)。

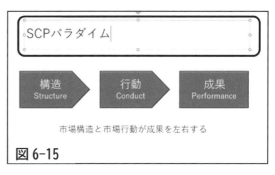

図 6-15

図 6-16 アニメーションの詳細設定

図 6-17

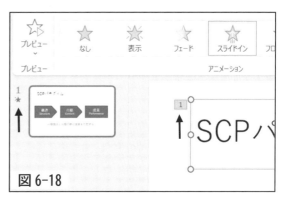

図 6-18

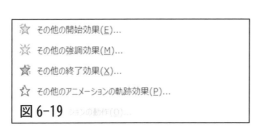

図 6-19

48　図形へのアニメーション設定

【アニメーション】▶【アニメーションの詳細設定】▶【アニメーションの追加】

アニメーションを設定するには

① アニメーションを設定したい図形を選択（図6-20）。

② **アニメーションタブ**－**アニメーションの詳細設定**グループ－**アニメーションの追加**ボタンをクリックして、設定したい効果を選択（図6-21）。

　※ **アニメーションタブ**－**アニメーション**グループにあるアニメーションの一覧からアニメーションを直接選んで設定することも可能です。

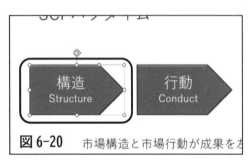
図6-20

図6-21　アニメーションの詳細設定

Column　アニメーションウィンドウの利用

アニメーションタブ－**アニメーションの詳細設定**グループ－**アニメーション ウィンドウ**ボタンをクリックすると右側にアニメーションウィンドウが表示されます（図6-22、図6-23）。アニメーションが実行される順番に並んでいますので、順序を変更したり、タイミングを変更したりといった詳細な設定が可能です。

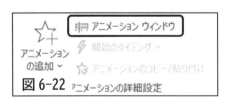
図6-22　アニメーションの詳細設定

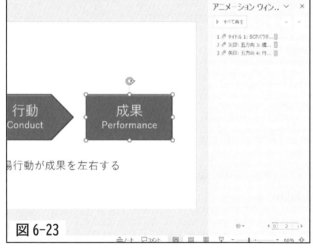
図6-23

49　アニメーションの確認

【アニメーション】▶【プレビュー】

プレビューで確認するには

① **アニメーション**タブ－**プレビュー**グループ－**プレビュー**ボタンをクリック（図 6-24）。編集中のスライド上でアニメーションがプレビューされます。

図 6-24

② プレビューを確認するのは**アニメーション**ウィンドウからでも可能です。**アニメーション**タブ－**アニメーションの詳細設定**グループ－**アニメーションウィンドウ**ボタンをクリック（図 6-25）。

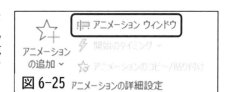

図 6-25　アニメーションの詳細設定

③ アニメーションウィンドウが表示されますので**すべて再生** もしくは **ここから再生**ボタンをクリック（図 6-26）。

④ プレースホルダーや図形が選択されているときは **ここから再生**ボタンとなります（図 6-27）。

⑤ アニメーションを停止するにはプレビューボタンをもう一度クリック（図 6-24）。なお、キーボードから Esc キーを押してもアニメーションの再生を停止できます。

図 6-26

⑥ アニメーションウィンドウからの停止は **停止**ボタンをクリックします（図 6-28）。

　※ スライドショーとして再生を確認したい場合は「55　スライドショーの実行」を参照してください。

図 6-27

図 6-28

50 アニメーションの解除

【アニメーション】▶【なし】

アニメーションを解除するには

① 図形やプレースホルダーをクリックして選択。図では **スライドイン** のアニメーションが設定されており、プレースホルダーの横に番号が付いています(図6-29)。

② **アニメーション**タブ－**アニメーション**グループ－**なし** をクリック(図6-30)。

③ アニメーションが削除されました(図6-31)。

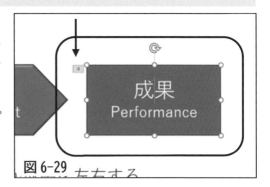

図6-29

図6-30

※ この一連の操作で削除されるのは、アニメーション効果のみです。図形やテキストそのものが削除されるわけではありません。

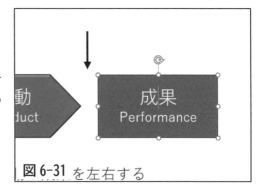

図6-31

Column 意味のあるアニメーション

アニメーションを使うことで、スライドの中身を一気に表示せずにプレースホルダーの内容や図形を1つずつプレゼンテーション中に説明しながら徐々に表示することができます。このようなケースでは聴衆の集中力が比較的持続すると言われますが、PowerPoint には数多くのアニメーションが用意されており、「くどいアニメーション」を設定してしまいがちです。逆に聴衆が注意散漫になってしまうケースもありますので設定には気をつけたいものです。

51 アニメーションの順序変更

【アニメーション】▶【タイミング】▶【アニメーションの順序変更】

アニメーションの順序を変更するには

① 順序変更したいオブジェクトをクリック(図6-32)。

② 図では四角の図形(「成果」)が3番目になっており4番目に表示されるように変更します(図6-32)。

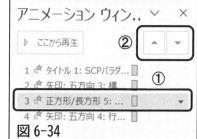
図6-32

③ **アニメーション**タブ－**タイミング**グループ－**アニメーションの順序変更**－▼**順番を後にする**ボタンをクリック(図6-33)。

④ **アニメーション**タブ－**アニメーションの詳細設定**グループ－**アニメーションウィンドウ** を表示し、順序変更したいものを選択し▲または▼ボタンをクリックしても変更が可能です(図6-34)。

アニメーションのタイミング

アニメーションウィンドウ からは、クリック時に表示させるかどうかのタイミングも設定できます。変更したいオブジェクト名を **アニメーションウィンドウ** から選択し、その右にある▼をクリックします(図6-35)。**直前の動作の後(A)** を選択すると、クリックしなくても前のオブジェクトの動作が終了後、自動的に次のオブジェクトが現れます(図6-36)。

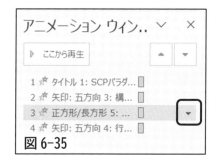
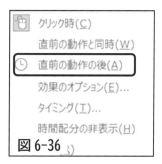

52　箇条書きへの詳細なアニメーション

【アニメーション】▶ 🔽 ▶【グループテキスト】

箇条書きにアニメーションを付ける

① 箇条書きのプレースホルダーをクリックして選択(図6-37)。

② アニメーション(ここでは **スライドイン**)を設定(図6-38)。

③ 第2レベルも第1レベルとは別に表示されるようにするには、**アニメーション**タブ－**アニメーション**グループ－🔽ボタンをクリック(図6-38)。

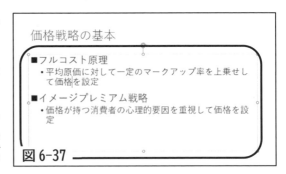

図6-37

図6-38

④ **テキスト アニメーション**タブをクリックして、**グループテキスト(G)** を **第2レベルの段落まで** に変更して、**OK** ボタンをクリック(図6-39)。

　※ 第3レベルも1つずつ個別に表示したい場合は、**グループテキスト(G)** を **第3レベルの段落まで** に変更します。

⑤ アニメーションの順序が表示されました(図6-40)。

図6-39

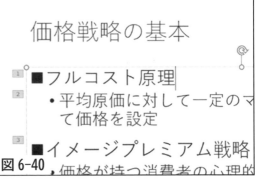

図6-40

53　グラフへのアニメーション設定

グラフを選択して【アニメーション】▶【アニメーションの詳細設定】

アニメーションを設定する

① グラフを選択（図6-41）。

② <u>アニメーション</u>タブ－<u>アニメーションの詳細設定</u>グループ－<u>アニメーションの追加</u>ボタンをクリック（図6-42）。

③ ここでは<u>スライドイン</u>の効果を選択しました（図6-43）。

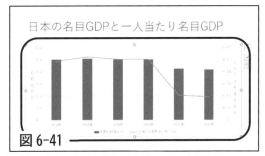
図6-41

④ スライドインの効果では棒グラフが一度に下から表示されます。別の方向から表示したい場合は、グラフを選択して <u>アニメーション</u>タブ－<u>アニメーション</u>グループ－<u>効果のオプション</u>ボタンを選択（図6-44）。ここでは <u>左から(L)</u> を設定し、左からスライドインされるようにしました（図6-45）。

図6-42

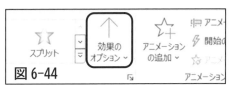
図6-44

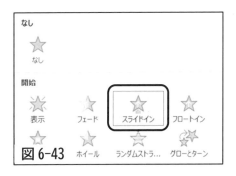
図6-43

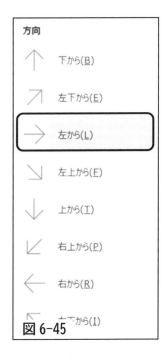
図6-45

54 グラフを系列ごとに表示させる設定

【アニメーション】▶【効果のオプション】▶【系列別】

1本ずつ表示される棒グラフ

① グラフを選択し、**アニメーションタブ−アニメーションの詳細設定**グループ−**スライドイン**で効果を設定(図6-46)。このとき一度にグラフが表示されます。

② **アニメーション**タブ−**アニメーション**グループ−**効果のオプション**ボタンをクリック(図6-46)。

③ **系列別(Y)** を選択します(図6-47)。

※ **項目別(C)** を選択すると、それぞれの項目ごとに表示されます。折れ線グラフでも系列ごとや要素ごとに表示できます(図6-47)。

図6-46

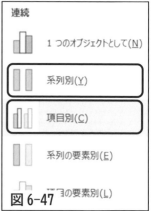

図6-47

表示の効果

アニメーションタブ−**アニメーション**グループ−ボタンをクリックすると、効果のダイアログが表示されます(「52 箇条書きへの詳細なアニメーション」も参照)。このダイアログで**グラフアニメーション**タブ−**グループグラフ(G)**−**系列別** を選択しても可能です(図6-48、図6-49)。

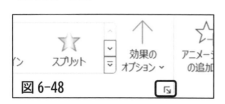

図6-48

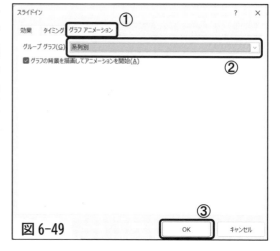

図6-49

PowerPoint

Chapter 7
スライドショー

55　スライドショーの実行

【スライドショー】▶【スライドショーの開始】▶【最初から】

スライドショーを実行する

　スライドを見せながらプレゼンテーションをするには、スライドショーという機能を使います。

① **スライドショー**タブ－**スライドショーの開始**グループ－**最初から**ボタンをクリック(図7-1)。

② 現在表示されているスライドからスライドショーをスタートするには **現在のスライドから** をクリック。

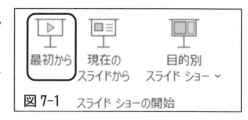

図7-1　スライドショーの開始

③ ②の操作はステータスバーにある右下のアイコンからも可能です。左から4番目のアイコンをクリック(図7-2)。

　※ 最初から表示する場合は F5 キーからでも実行可能です。

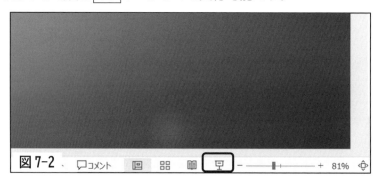

図7-2

スライドショーの基本操作

　次のスライド(アニメーション)に移るには、マウスでは左クリックです。キーボードからは スペース キー、 Enter キー、 ↓ と → の矢印キーとなります。

　行き過ぎてしまった場合、1つ前のスライド(アニメーション)に戻したいときがあります。このときは、 Backspace キー、 ← と ↑ の矢印キーで戻ることができます。

　スライドショー中に Esc キーを押すとスライドショーは終了します。

56 発表者ツールの利用

スライドショー実行中に右クリック ▶【発表者ツールの表示】

発表者ツールとは

スライドショー中に発表者だけが見える画面の機能です（図7-3）。PC が外部ディスプレイやプロジェクターに接続されている場合は、スライドショー実行時に自動的に表示されます。

発表者ツールでは、次に表示されるスライドや次のクリックで表示されるアニメーションがあらかじめ表示されており、また

図 7-3

スライド内にノートが記入されていればその内容も表示されます。また、スライドショー開始後の経過時間（リセット可能）や現在時刻も表示されているため余裕を持ったプレゼンテーションが可能になります。

発表者ツールの表示

① スライドショー実行中に右クリックから **発表者ツールを表示(R)** を選択（図 7-4）。

② 発表者ツールを終了するには、発表者ツールの画面で右クリックから **発表者ツールを非表示(R)** を選択（図 7-5）。

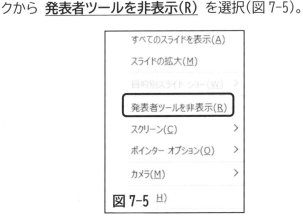

図 7-5

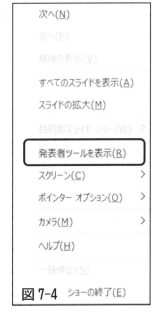

図 7-4

57 スライドショー実行中での一覧表示

【スライドショー】▶【ツールバー】▶【すべてのスライドを表示】

スライドショー実行中にスライドの一覧を表示するには

① スライドショーの実行中にマウスを左右に動かし、左下にショートカットツールバーを出現させる(図 7-6)。マウスを動かさずにしばらくすると消えるので注意。

② 左から 4 番目のアイコンをクリック(図 7-7)。

③ すべてのスライドが一覧で表示されます(図 7-8)。ジャンプしたいスライドをクリックします。クリックしたスライドにジャンプします。

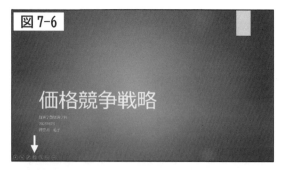

図 7-6

図 7-7

図 7-8

※ 一覧表示から特定のスライドへジャンプせずに元のスライドに戻る場合は Esc キーを押します。

発表者ツールでの一覧表示

発表者ツール表示(「56 発表者ツールの利用」を参照)からスライドを一覧表示にするには、発表者ツールにある左から 2 番目のアイコンをクリックしてください(図7-9)。一覧表示から発表者ツールに戻るには Esc キーを押します。

図 7-9

58 サマリーズームの追加

【挿入】▶【スライド】▶【ズーム】▶【サマリーズーム】

サマリーズームの追加

① **挿入**タブ－**リンク**グループ－**ズーム**ボタンをクリック(図 7-10)。

② **サマリー ズーム(M)** を選択(図 7-11)。

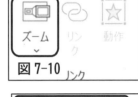

図 7-10

③ **サマリー ズームの挿入**ダイアログからセクションの先頭となるスライドをそれぞれチェックし、**挿入**ボタンをクリック(図 7-12)。

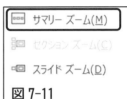

図 7-11

④ ③で選択したスライドがサムネイル表示されたサマリーセクションのスライドが追加されるので、タイトルを入力(図 7-13)。

⑤ スライドペインには自動でセクションが追加されます(図 7-14)。

⑥ スライドショー中にはマウスクリックで該当のスライドにジャンプすることができます。

※ サマリーズームでは自動でセクションの追加とスライドの追加が行われます。既存のスライド内にスライドのサムネイルとスライドへのリンクを作成するには②で**スライド ズーム(D)** を選択します。

図 7-12

図 7-13

図 7-14

59　一時的なスライドの非表示

【スライドショー】▶【設定】▶【非表示スライド】

スライドを非表示にするには

① サムネイルペインからスライドを選択(図7-15)。

② **スライドショー**タブ−**設定**グループ−**非表示スライド**ボタンをクリック(図7-16)。

③ スライド番号に斜線が引かれます(図7-17)。

　※ スライドショー中に非表示になるだけで削除はされません。

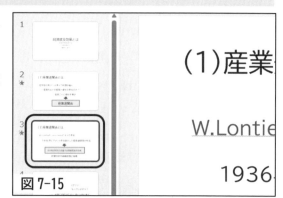
図 7-15

図 7-16

図 7-17

非表示スライドを表示するには

　スライドショータブ−**設定**グループ−**スライドの表示**ボタンをクリックします(図7-18)。スライドが非表示になっている場合、**非表示スライド**ボタンが **スライドの表示**ボタンに変化しています。

図 7-18

60 スライドショー中のレーザーポインター機能

スライドショー実行中に Ctrl + L キー

スライドショー実行中にレーザーポインター機能を使うには

スライドショーの実行中にマウスポインターを表示させてレーザーポインターの代用として使いたい場合にはPowerPointのレーザーポインター機能を使ってください。

① **スライドショー**タブ－**スライドショーの開始**グループ－**最初から**ボタンをクリックしてスライドショーを実行(図7-19)。

② Ctrl + L キーを同時に押します(Laserの"L"です)。赤いポインターが出現します(図7-20)。レーザーポインター機能を終了するには Esc キーを押してください。

図 7-19 スライドショーの開始

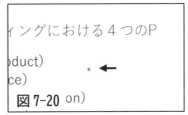
図 7-20

※ 右クリックメニューから **ポインターオプション－レーザーポインター(L)** でも可能です。

発表者ツールでの表示

スライドショー実行中に発表者ツールが表示されている場合も Ctrl + L キーでレーザーポインターが出現します。または、発表者ツールの左下にある1番目のアイコンをクリックするとメニューが出現しますので **レーザーポインター(L)** を選択します(図7-21、図7-22)。なお、右クリックメニューからでも **ポインターオプション** で同様のメニューが出現します。

図 7-21

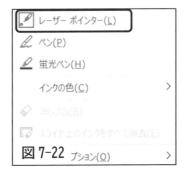
図 7-22

61 スライドショー中のペン書き

スライドショー実行中に Ctrl + P キー

ペン書きをするには

① Ctrl + P キーを同時に押すと（Pen の"P"です）、マウスポインターが矢印から赤色の点に変化します。マウスの左ボタンを押しながらマウスを動かすと、フリーハンドで絵が描けます（図 7-23）。

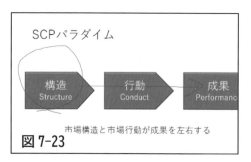
図 7-23

図 7-24

② スライドショー実行時にツールバーの 3 番目のボタンをクリックすると、色やペンの種類を変更できます（図 7-24）。ツールバーが見えない場合はマウスを左右に動かしてください。

ペン書きを消すには

Ctrl + E キーを同時に押すとペンが消しゴムになります（Eraser の"E"です）。

※ ペン書きが有効になっていると、次のスライドや動作に移動するときにマウスクリックが使えません（キーボードからの操作は可能です）。マウスポインターに戻すには Ctrl + P キーを同時に押します。または、スライドショー実行中に左下のスライドショーツールバーからペン機能をもう一度選択してモードを解除してください。

発表者ツールでの操作

発表者ツールの左下にある1番目のアイコンをクリックするとメニューが出現しますので ペン(P) を選択します（図 7-25）。なお、上記のショートカットキーでも操作は可能です。

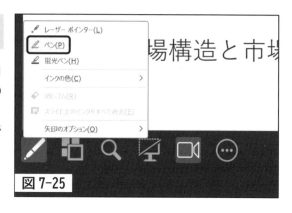
図 7-25

62　スライドショーの書き込み保存

【インク注釈の保持】を行います

インク注釈の保持

① スライドショー実行中にペン書きをします（図 7-26）。

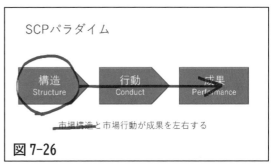

図 7-26

② スライドショー終了時に **Microsoft PowerPoint** ダイアログボックスに **インク注釈を保持しますか？** と出ます。書き込みを残す場合にはこのとき **保持(K)** ボタンをクリック（図 7-27）。

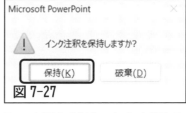

図 7-27

③ インク注釈として保持した場合は、「インク」としてスライド上に保持されています（図 7-28）。

④ インクは通常の図形オブジェクトと同じように、サイズを変更したり色を変更したりすることも可能です。

⑤ 保持したインクをクリックし、**図形の書式**タブ－**図形のスタイル**－**図形の枠線**ボタンから、保持したインクの変形や色の変更などができます（図 7-29）。

図 7-28

図 7-29

63　スライドショーの記録

【スライドショー】▶【設定】▶【スライドショーの記録】

スライドショーを記録

　PCにマイクやWebカメラが接続されている場合、プレゼンテーションの音声内容(ナレーション)やカメラからの映像をナレーションとともに記録することができます。

① **記録**タブ－**録画**グループ－**先頭から** をクリック(図7-30)。

② スライドショーを記録する画面になります(図7-31)。

図7-30　録画

③ 上部の **記録を開始ボタン** をクリックして録画を開始します(図7-32)。録画を終了したら、× ボタンで閉じます。

図7-31

図7-32

※ 通常通りスライドショーを開始すると再生できます。

Column　カメラが接続されている場合

　Webカメラが接続されているPCではカメラからの映像も同時に録画が可能です。映像がスライド内に表示されます。カメラ映像を表示したくない場合は **カメラ無効にする**ボタンでカメラをオフにしてから録画してください(図7-33)。

図7-33

PowerPoint

Chapter 8
印刷・その他

64　スライドの印刷

【ファイル】▶【印刷】

印刷をするには

① **ファイル**タブ－**印刷** を選択(図8-1)。

② **フルページサイズのスライド** となっている部分をクリックして(図8-1)、**配布資料** のグループから1枚の紙に何枚のスライドを印刷するかを選択(図8-2)。デフォルトでは1枚の紙にスライド1枚を印刷する **フルページサイズのスライド** の設定です。

③ 特定のページのみを印刷したい場合は、**スライド指定**ボックスにスライドのページ番号を指定する(図8-3)。1枚目のスライドなら「1」と入力し、1枚目から5枚目までのスライドを印刷する場合は「1-5」と入力する。

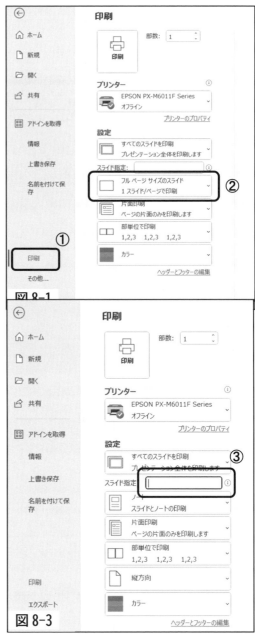

図8-1

図8-3

図8-2

65　スライドとノートの印刷

【印刷レイアウト】▶【ノート】

印刷でノートを指定するには

① **ファイルタブ**－**印刷** を選択（図8-4）。

② **印刷レイアウト** を**フルページサイズのスライド** から **ノート** へと変更（図8-4、図8-5）。

③ プレビューがスライドからノートに変わり、スライドの下にノート部分がレイアウトされます（図8-6）。

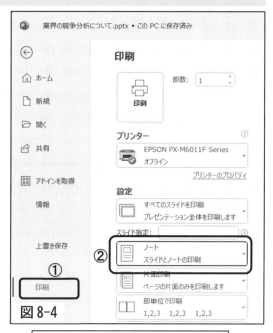

図8-4

図8-5

図8-6

Column　印刷されるノート部分のレイアウト設定

　表示－**マスター表示**－**ノートマスター** で印刷されるノート部分のレイアウトを変更することができます。**ノートマスター** の編集を終了するには **ノートマスタータブ**－**閉じる**－**マスター表示を閉じる** をクリックします。ノートについては「12 ノートの利用」も参照してください。

66　日付やページ番号を挿入して印刷

【挿入】▶【テキスト】▶【ヘッダーとフッター】

ヘッダーとフッターをまとめて指定するには

① **挿入**タブ－**テキスト**グループ－**ヘッダーとフッター**をクリック(図8-7)。

② **ヘッダーとフッター**ダイアログボックスから**ノートと配布資料**タブに移動(図8-8)。

③ **日付と時刻(D)** と **ページ番号(P)** のチェックボックスをチェック(図8-8)。

④ **すべてに適用(Y)**ボタンをクリック(図8-8)。

⑤ プレビュー画面からヘッダーおよびフッターに入れたい文字の位置がおおよそわかります(図8-8)。

⑥ 実際にどのように印刷されるかを確認するには、**ファイル**タブ－**印刷**から表示されるプレビューからイメージがつかめます(図8-9)。

図8-7

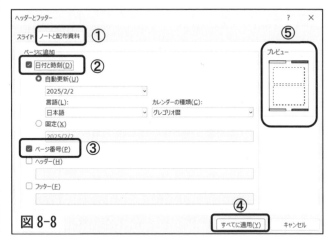

図8-8

なお、スライド内にスライド番号や日付を入力したい場合には「18　スライド番号の表示」を参照してください。

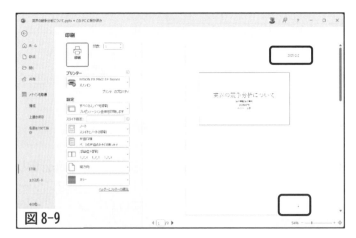

図8-9

67 スライドを PDF 形式で保存

PDF/XPS ドキュメントとしてエクスポート

PDF ファイルとして保存するには

① **ファイル－エクスポート－PDF/XPS ドキュメントの作成－PDF/XPS の作成** をクリック(図8-10)。

② 保存先を指定して、ファイルの種類に **PDF** を選択(図8-11)。

③ **オプション(O)** ボタンをクリック(図8-11)。

④ 印刷前提であれば **発行対象(W)** を **配布資料** とします。**配布資料** の場合、**1 ページあたりのスライド数(L)** も設定しておきます。デフォルトでは6ページを1枚に配置した配布資料となります(図8-12)。

※ 発行対象を **スライド** とした場合、1ページが1枚のスライドとしてPDFファイルが作成されます。

⑤ 設定が終わったら **発行** ボタンをクリック(図8-11)。

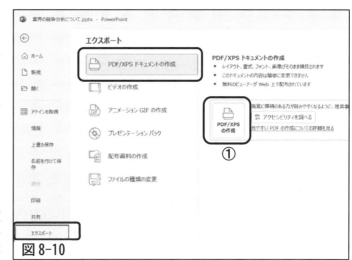

図 8-10

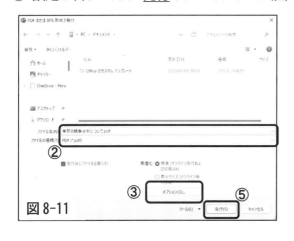

図 8-11

図 8-12

68　別のスライドやファイルなどへのリンク

【挿入】▶【リンク】▶【動作】

スライドへのハイパーリンクを設定するには

① リンクを設定したい図形やプレースホルダーを選択(図8-13)。

② **挿入**タブ-**リンク**グループ-**動作**ボタンをクリック(図8-14)。

③ **オブジェクトの動作設定**ダイアログボックスで**ハイパーリンク(H)**のラジオボタンをチェック(図8-15)。

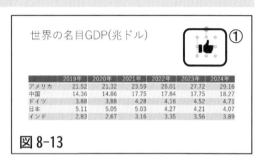

図 8-13

④ をクリックして移動したいスライドの場所を指定(図8-15)。

⑤ ④で **その他のファイル** を選択するとExcelなどのファイルを指定できます。リンクしたいファイル名を指定し **OK** をクリック(図8-16)。

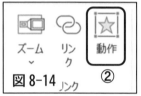

図 8-14

※ スライドショー実行時には、ハイパーリンクが設定されているオブジェクトに対し、マウスポインターが指の形になります。

図 8-15

図 8-16

Excel

Chapter 0
Excel とは

0-1 Excel とは

表計算ソフト

Excel とは(図 0-1)

　Excel は表計算ソフトの1つです。データを表形式で整理し、数値の計算、分析、グラフの作成、データベースのような管理を行うことができます。表を作成しただけではわかりにくいデータも、グラフで表せばわかりやすくなります。また多くの関数が用意されており、平均や標準偏差を出すことでデータの特徴をつかむこともできます。このように Excel はデータを見やすくしたり、特徴をつかむことができるので、レポート作成によく利用されます。

　Excel はノートのような使い方をします。起動時に表示される「Sheet1」シートがノートの 1 枚目に該当し、実際は複数のシートが隠されています。Excel のマス目をセルといいます。このセルには名前が付いていて、左側の行番号と上部の列名で表します。図の[ ]のセルは「セル G3」と表します。左上の緑の枠が付いたセルをアクティブセルといいます。Excel はこのアクティブセルにしか入力はできません。そのため、セル G3 に入力したい場合は、マウスかキーボードの矢印キーでアクティブセルを移動します。どこにアクティブセルがあるのかは名前ボックスに表示されます。更に、関数や数式を使う場合、セルには計算結果しか表示されません。どのような式や関数が入っているのかは数式バーに現れます。

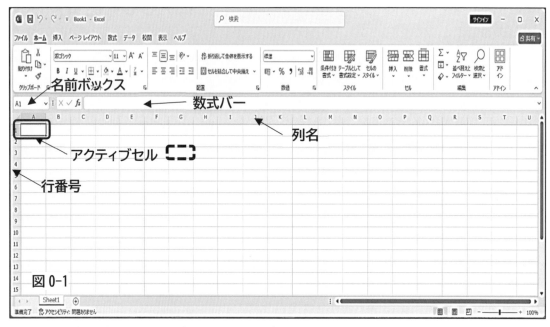

図 0-1

※ 1シートには 1,048,576 行、16,384 列があります。

0-2 入力について

入力(確定) ▶ Enter キー

Excel 起動時は、入力モードはオフ(半角英数)になっています。

数字や英字を入力するには

入力モードを確認してから、該当セルをクリックして数字や英字を入力、Enter キーを押してセルの入力を確定します。

文字(日本語)を入力するには

半角/全角 キーを押して入力モードを ON にします。
該当セルをクリックして文字を入力、変換したら Enter キーを押して文字変換を確定します。再度 Enter キーを押してセルの入力を確定します。ひらがなの場合は、そのまま Enter キーを押します(図 0-2)。

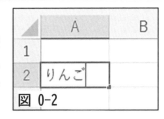

図 0-2

日付を入力するには

入力モードをオフ(半角英数)にします。「1/10」のように月と日付の間をスラッシュで区切って入力します。自動的に「1 月 10 日」と表示されます(図 0-3)。

※ スラッシュの代わりに半角ハイフンでも日付になります。

※ 「20/1」は「1 月 20 日」と判断されますが、「100/10」などと入力した場合日付とはみなされません。

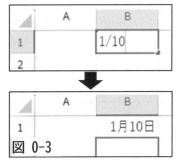

図 0-3

すでに入っているセルに別のデータを入力するには

該当セルをクリック、そのまま別のデータを入力して、Enter キーを押します。上書き入力となるので、いちいち入力済みの文字を削除する必要はありません。

Column 文字と数字の入力

文字を入力すると、セルの左側に揃います。数字を入力すると右側に揃います。

0-3 入力データの削除と修正

Delete キーで削除、F2 キー・ダブルクリック・数式バーで修正

入力したデータを削除するには

該当セルを選択して、Delete キーを押します。複数セルを選択するとまとめて削除できます。

入力したデータを修正するには

該当セルをダブルクリックするか、F2 キーを押します。カーソルが入るので、カーソルを修正箇所に移動して修正します。修正後は Enter キーを押して確定します（図 0-4）。

※ 数式バーをクリックして直接修正することもできます。

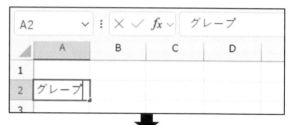
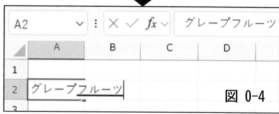

図 0-4

Column　セルの文字がすべて表示されないとき、数字が表示されないとき

右隣のセルに何か入力されていると文字はすべて表示されません（図 0-5(A)）。その場合は、列幅を広げるか（5 行列の設定 参照）、セル内で処理してください（8 文字数が多い場合のセルの処理 参照）。

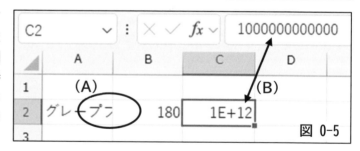

図 0-5

数字がきちんと表示されていない場合は、数式バーを見るときちんと入力されているのがわかります（図 0-5(B)）。これをセルに表示させるには、カンマを付けるか、表示形式を「数値」に変更します（6 数値の単位や桁を揃える 参照）。

Excel

Chapter 1
入力と編集

1 連続データの入力

【オートフィル機能】▶【オートフィルオプション】

「○月」「○月□日」や「△曜日」などの連続データを入力したい（図1-1）

はじめのデータを入力－入力したセルを選択－右下の■マークにマウスポインターを合わせ、マウスポインターの形が＋に変わったら、下（または右）にドラッグします（図1-2）。

※ この機能をオートフィル機能といいます。

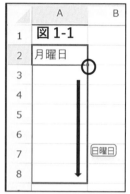

1, 2, … のような数値の連続データを入力する（図1-3）

セル A2 からセル A6 に1から5までの連続した数字を表示します。

① セル A2 に「1」を入力－セル A2 を選択－セル A6 までオートフィル機能を実施します（上記の操作）。

② このままではすべて同じ数値「1」になるので、右下に表示される **オートフィルオプション** の▼をクリック－**連続データ** を選択します（図1-3）。図1-4のようになります。

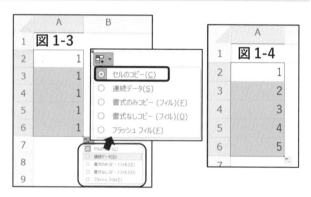

5, 10, 15, … のような数値の連続データを入力する（図1-5）

セル A2 からセル A6 に5, 10, …, 25 の5とびの数字を表示します。

はじめの2つの数字、「5」と「10」をセル A2 とセル A3 に入力－セル A2 とセル A3 を選択－セル A6 までオートフィル機能を実施します。図1-6のようになります。

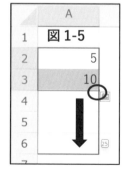

2 今日の日付、現在の時刻を簡単に入力する

Ctrl キー + ; キー ▶ Ctrl キー + : キー

今日の日付を簡単に入力する(図1-7)

選択したセルに Ctrl キー+ ; キーで、今日の日付を素早く入力できます。
ただし、次にファイルを開いても更新はされません。

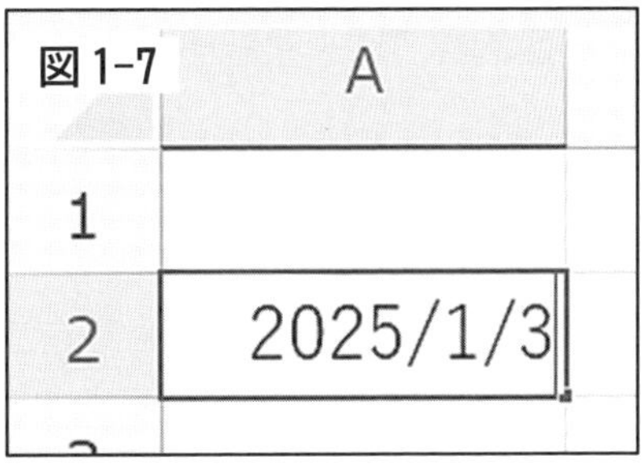

図1-7

	A
1	
2	2025/1/3

現在の時刻を簡単に入力する(図1-8)

選択したセルに Ctrl キー+ : キーで、現在の時刻を素早く入力できます。ただし、上記同様、次にファイルを開いても更新はされません。

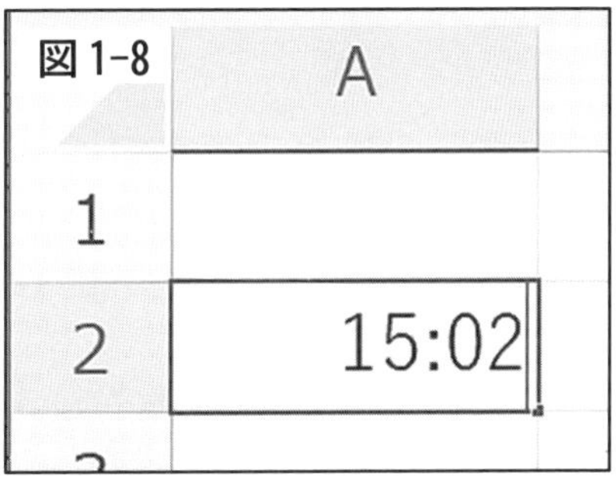

図1-8

	A
1	
2	15:02

Column ファイルを開いた時に日付や時刻を更新する

日付や時刻を、ファイルを開くたびに更新して表示するには、TODAY 関数と NOW 関数を使います。
TODAY 関数は、選択したセルに「=TODAY()」と入力- Enter キーを押すと、現在の日付が表示されます(図1-9(A))。
NOW 関数は、選択したセルに「=NOW()」と入力- Enter キーを押すと、今日の日付と現在の時刻が表示されます(図1-9(B))。
ファイルを保存して、後日ファイルを開くと、それぞれ更新されていることがわかります。

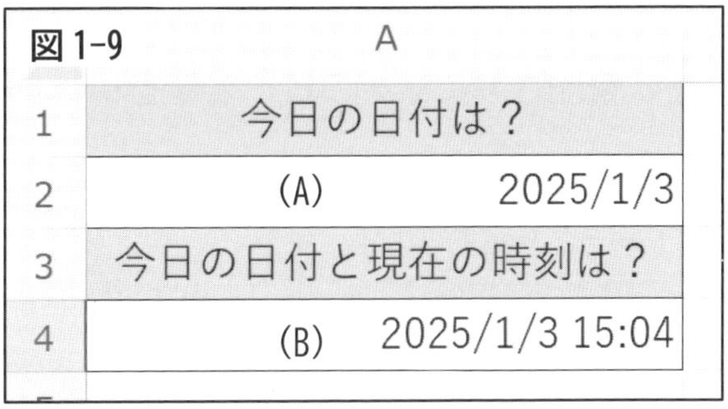

図1-9

	A	
1	今日の日付は?	
2	(A)	2025/1/3
3	今日の日付と現在の時刻は?	
4	(B)	2025/1/3 15:04

3 上手なコピー

コピー貼り付けをした後、貼り付けのオプションを利用

一般的なコピー・貼り付け

一般的なコピー・貼り付けは Office 9 コピーの方法を参照してください。

式や関数が入っているセルの値のみコピーをする（図1-10）

式や関数が入っているセルをコピーすると、式や関数自体のコピーとなり、正しい値が表示されません。

一般的なコピー・貼り付けを行った後、**貼り付けのオプション**－**値の貼り付け**－**値** をクリックします。

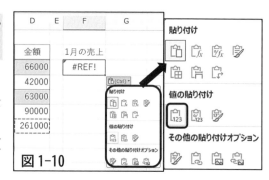

図1-10

列幅を元のままで表をコピーする（図1-11）

表をコピーすると、列幅が貼り付け先に合わされてしまいます。

このような場合は、一般的なコピー・貼り付けを行った後、**貼り付けのオプション**－**貼り付け**－**元の列幅を保持** を選択します。

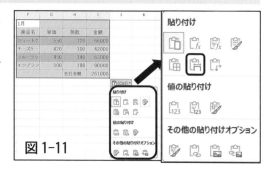

図1-11

書式を崩さずに式のコピーをするには（図1-12）

書式が設定された式のコピーをすると、書式まで移ってしまうことがあります。

このような場合は、**オートフィルオプション**－**書式なしコピー** を選択します。

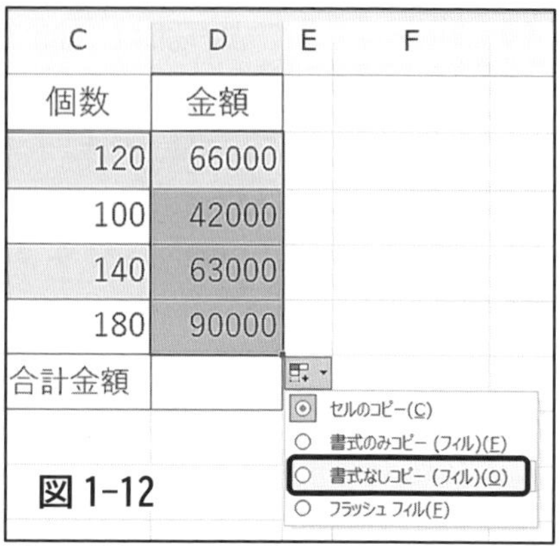

図1-12

4　ふりがなの設定

【ホーム】タブ ▶ 【フォント】グループ ▶ 【ふりがなの表示/非表示】

ふりがなを付ける（図 1-13）

　ふりがなを設定する範囲を選択して、**ホームタブ**－**フォントグループ**－**ふりがなの表示/非表示**ボタンをクリックします。

ふりがなの文字の種類や配置を変更する

　「ひらがな」、「均等割り付け」に変更します。

① 変更したい範囲を選択し、**ホームタブ**－**フォント**グループ－**ふりがなの表示/非表示**ボタンの▼をクリック－**ふりがなの設定** を選択します（図 1-14）。

② **ふりがなの設定**ダイアログボックス－**ふりがな**タブ－**種類** を[ひらがな]、**配置** を[均等割り付け]に指定－**OK**ボタンをクリックします（図 1-15）。

ふりがなを修正するには

　修正したいセルをダブルクリックまたは、**ホームタブ**－**フォント**グループ－**ふりがなの表示/非表示**ボタンの▼－**ふりがなの編集** をクリック（図 1-14）すると、修正することができます。

5　行・列の設定

右クリックのメニューを利用する

行・列を挿入（または削除）する

　行番号（または列名）を右クリックして**挿入**（または**削除**）を選択します（図1-16①）。

※ 挿入したときに左右の列の書式に合わせるには、**挿入オプション**をクリックして適切なものを選びます（図1-17）。

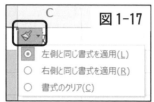

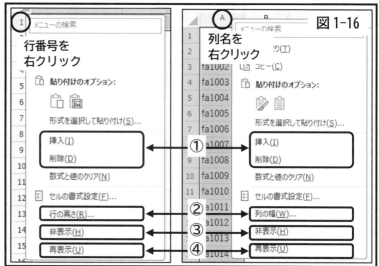

行・列の高さ（または幅）を変える

(A)マウスドラッグで変える
　列名（または行番号）の境界にマウスポインターを合わせて⊞（または⊞）に変わったらドラッグします（図1-18）。
　※ 列幅は、ダブルクリックすると、その列の中で一番文字数の多いセルの幅に揃います。

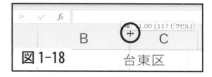

(B)数値を指定して変える
　列名（または行番号）を右クリックして、**列の幅**（または**行の高さ**）を選択します（図 1-16②）。**セルの幅**（または**セルの高さ**）ダイアログボックスで、数値を入力して、**OK**ボタンをクリックします（図1-19）。

行・列を非表示（または再表示）する

　非表示にしたい行番号（または列名）を右クリック－**非表示**を選択します（図1-16③）。
　再表示するには、再表示したい行（または列）を挟むように行番号（または列名）を選択してから右クリック－**再表示**を選択します（（図1-16④）。

6 数値の単位や桁を揃える

【ホーム】タブ ▶【数値】グループ

通貨単位を付ける（図1-20(1)）

範囲を選択－**ホーム**タブ－**数値**グループ－**通貨表示形式**ボタンの▼をクリックして通貨単位を選択します。

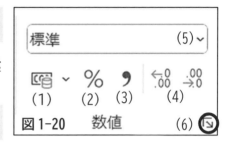

「%」で表示する（図1-20(2)）

範囲を選択－**パーセントスタイル**ボタンをクリックします。

数字に「,」を付ける（図1-20(3)）

範囲を選択－**桁区切りスタイル**ボタンをクリックします。

小数点以下の表示を統一する（図1-20(4)）

範囲を選択－**小数点以下の表示桁数を増やす**ボタンまたは**小数点以下の表示桁数を減らす**ボタンをクリックし、表示を整えます。

表示形式を元に戻す（図1-20(5)）

範囲を選択－**表示形式**の右隣の▼をクリック－**標準**を選択します。

数字に特定の単位を付ける（図1-21）

「cm」という単位を数字の後ろに表示します。
① 範囲を選択－**セルの書式設定ダイアログボックス起動ツール**をクリックします（図1-20(6)）。

② **セルの書式設定**ダイアログボックス－**表示形式**タブ－**分類**：[ユーザー定義]（図②-1）、**種類**：「G/標準」（図②-2）、選択された「G/標準」の右側に「"cm"」を追加（G/標準"cm"）（図②-3）－**OK**ボタンをクリックします。"cm"は、半角で入力します。

図1-21

7　表の入れ替え・移動

【ホーム】タブ ▶ 【クリップボード】グループ

表の行と列を入れ替える（図1-22）

① コピー元の表セルA1からセルG8を選択 ー**ホーム**タブー**クリップボード**グループー**コピー**ボタンをクリックします。

② コピー先セルA10を選択ー**クリップボード**グループー**貼り付け**▼をクリックします。

③ **行列を入れ替える** を選択します。

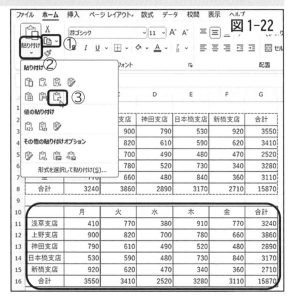

図 1-22

表を崩さず列（行）を移動する（図1-23）

B列の浅草支店のデータをF列（新橋支店の右側）に移動します。

① セルB2からセルB8のデータを選択ー**クリップボード**グループー**切り取り**ボタンをクリックします。

② セルE2を右クリックー**切り取ったセルの挿入** を選択します。

③ 図1-24のようになります。

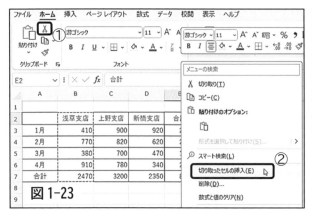

図 1-23　　図 1-24

Excel

Chapter 2
書式

8　文字数が多い場合のセルの処理

【ホームタブ】▶【配置グループ】

データを折り返して表示する

該当セルを選択－**ホーム**タブ－**配置**グループ－**折り返して全体を表示する** をクリックします（図 2-1(1)）。データが折り返して表示されます（図 2-2(1)）。

図 2-1

複数のセルを1つにして中央に表示

複数のセルを選択して（例えばセル E2 からセル G2）、**ホーム**タブ－**配置**グループ－**セルを結合して中央揃え** をクリックします（図 2-1(2)）。複数のセルが 1 つになり中央に表示されます（図 2-2(2)）。

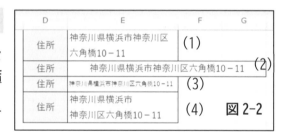

図 2-2

セルの幅に文字の大きさを合わせる

① セルを選択して、**配置**グループ－**セルの書式設定ダイアログボックス起動ツール** をクリックします（図 2-1(3)）。

② **セルの書式設定**ダイアログボックス－**配置**タブ－**文字の制御** の「縮小して全体を表示する」にチェック（図 2-3）－**OK** ボタンをクリックします。結果は図 2-2(3)になります。

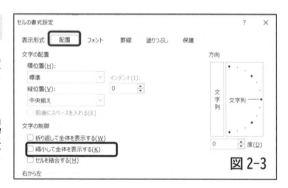

図 2-3

任意の位置で折り返す

「神奈川県横浜市神奈川区九角橋」を「横浜市」の後ろで折り返したい場合は、該当セルをダブルクリック－カーソルを「横浜市」と「神奈川区」の間に移動（図 2-4）－ Alt キー＋ Enter キーを押します。結果は、図 2-2(4)になります。

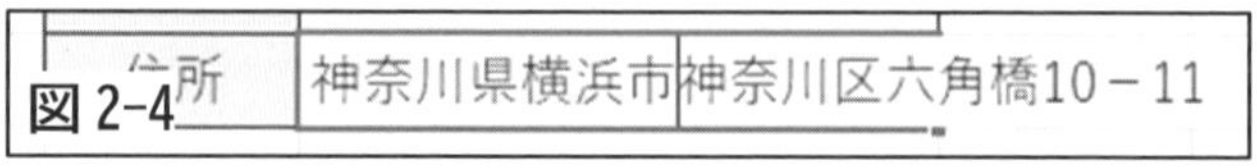

図 2-4

9　境界線と文字、文字列間にスペースを入れる

【ホーム】タブ ▶ 【配置】グループ

セルの左側と文字の間にスペースを入れる

該当セルを選択－**ホーム**タブ－**配置**グループ－**インデントを増やす**ボタンをクリックします（図2-5(1)）。図2-6(1)のようにスペースが入ります。

※ スペースを解除するには、もう一度セルを選択－**配置**グループ－**インデントを減らす**ボタンをクリックします（図2-5(2)）。

文字と文字の間に均等にスペースを入れる

① 該当セルを選択－**配置**グループの**ダイアログボックス起動ツール**をクリック（図2-5(3)）－**セルの書式設定**ダイアログボックスを表示します。

② **配置**タブ－**横位置**の▼をクリック－**均等割り付け（インデント）** を選択（図2-7）－**OK**ボタンをクリックします。

結果は、図2-6(2)のようになります。

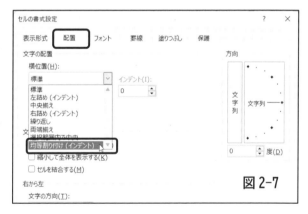

※ 均等割り付けをした文字の前後にスペースを入れるには、**セルの書式設定**ダイアログボックス－**配置**タブ－[前後にスペースを入れる]にチェックを入れます（図2-8）。

結果は、図2-6(3)のようになります。

10　セルに色や模様を設定する

【塗りつぶしの色】ボタン　または【ダイアログボックス起動ツール】▶【塗りつぶし】タブ

セルに色を設定する（図2-9(1)）

該当セル範囲を選択−**ホーム**タブ−**フォント**グループ−**塗りつぶしの色**ボタンの▼をクリックして色を選択します。

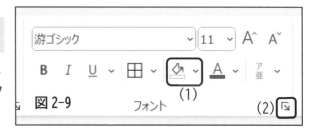

図2-9

網掛けを設定する（図2-10）

背景を黄色で12.5%の赤色の網掛けにします。
① 該当セル範囲を選択−**フォントグループ−ダイアログボックス起動ツール**（図2-9(2)）をクリックします。
② **セルの書式設定**ダイアログボックス−**塗りつぶし**タブを選択−

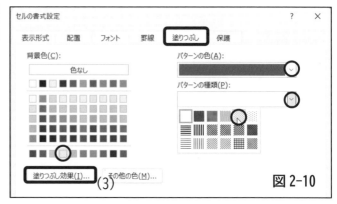

図2-10

背景色:「黄色」、**パターンの色**:「赤」、**パターンの種類**:「12.5%」を選択−**OK**ボタンをクリックします。

模様を設定する（図2-11）

黄色とオレンジ色の中央からのグラデーションを設定します。
① 上記(2)の操作の②までは同じです。
② 左中央にある**塗りつぶし効果**ボタンをクリックします（図2-10(3)）。
③ **塗りつぶし効果**ダイアログボックス−**色**:「2色」、**色1**:「黄色」と**色2**:「オレンジ色」、**グラデーションの種類**:[中央から]（必要に応じて[バリエーション]を選択）−**OK**ボタンを選択します。
④ **セルの書式設定**ダイアログボックスに戻るので−**OK**ボタンをクリックします。

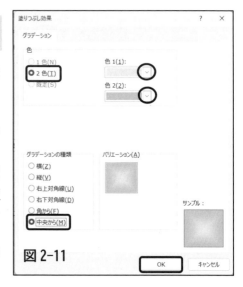

図2-11

11 罫線を付ける

【ホーム】タブ ▶ 【フォント】グループ ▶ 【罫線】ボタン

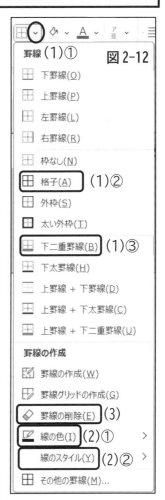

図 2-12

罫線を簡単に付ける（図 2-12(1)）

　セル A1 からセル D4 に格子の罫線、セル A1 からセル D1 に下二重罫線を付けます。

① セル A1 からセル D4 を選択－**ホーム**タブ－**フォント**グループ－**罫線**ボタンの▼をクリックします（図 2-12(1)①）。

② **格子**を選択します（図 2-12(1)②）。

③ セル A1 からセル D1 まで選択－**罫線**ボタンの▼－**下二重罫線** を選択します（図 2-12(1)③）。

罫線の色や種類の変更

　表の 2 行目と 3 行目の下に青い破線の罫線を設定します。

① 図 2-12(2)①の **線の色**－**青** を選択します。

② 図 2-12(2)②の **線のスタイル**－**破線** を選択します。

③ マウスポインターの形がペンの形になっているのを確認して、表に対して 2 行目の下と 3 行目の下の罫線をドラッグします（図 2-13）。

④ Esc キーを押して、マウスポインターの形を元に戻します。

罫線を削除する（図 2-12(3)）

① 図 2-12(3)の **罫線の削除** を選択します。

② マウスポインターの形が消しゴムの形になったら、削除したい線をドラッグします。

③ Esc キーを押して、マウスポインターの形を元に戻します。

	A	B	C	D
1	種類	単価	個数	金額
2	あんぱん	120	2	240
3	ジャムパン	150	2	300

図 2-13

12 タイトルと表を上手に装飾する

【テーマ】、【ホーム】タブ ▶【スタイル】グループ

テーマを設定する（図 2-14）

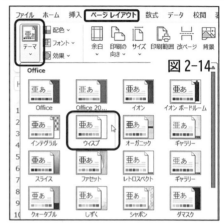

図 2-14

テーマ「ウィスプ」を設定します。
ページレイアウトタブ－**テーマ**グループ－**テーマ**－**ウェブ** を選びます。
テーマを設定すると、統一の取れた書式を設定できます。

タイトルにスタイルを使う（図 2-15）

図 2-15

表のタイトルに「見出し 1」を設定します。
タイトルを選択－**ホーム**タブ－**スタイル**グループ－**セルのスタイル**ボタン－**見出し1** を選択します。

表にスタイルを使う

① 表を選択－**ホーム**タブ－**スタイル**グループ－**テーブルとして書式設定**－**表のスタイル** を選択します（図 2-16）。
② **テーブルとして書式設定**ダイアログボックス－表の範囲を確認－**OK** ボタンをクリックします（図 2-17）。
③ **テーブルデザイン**タブ－**ツール**グループ－**範囲に変換** をクリックします（図 2-18）。「テーブルを標準範囲に変換しますか？」と聞いてくるので、[はい]ボタンをクリックします。

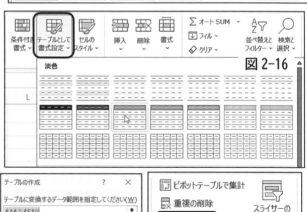

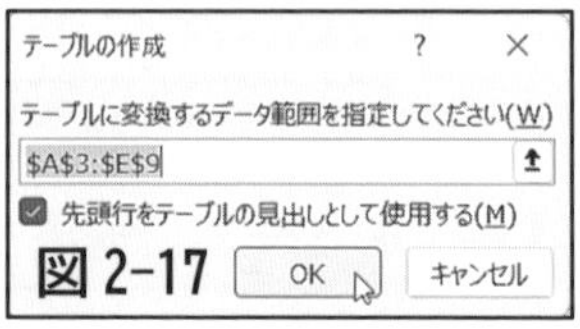

図 2-16
図 2-17
図 2-18 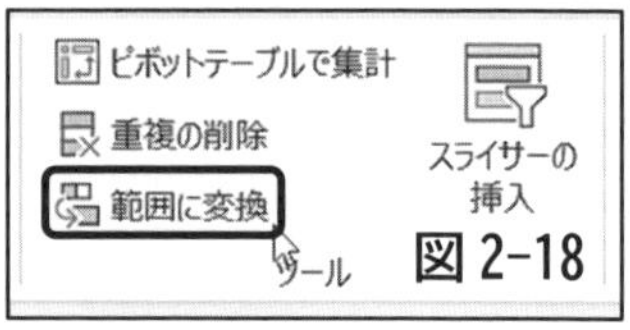

※ 表の形式を変更したい場合は、
　テーブルデザインタブ－**テーブルスタイルオプション** で変更します。

13　新しいスタイルの登録

【ホーム】タブ ▶ 【スタイル】グループ

新しいスタイルの登録

セルA1に設定した書式を「項目名スタイル」として登録します。

① セルA1を選択 – **ホーム**タブ – **スタイル**グループ – **セルのスタイル**ボタン – **新しいセルのスタイル** を選択します（図2-19）。

② **スタイル**ダイアログボックス – **スタイル名**：「項目名スタイル」と入力 – **OK**ボタンをクリックします（図2-20）。

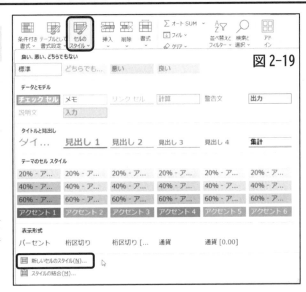

図2-19

登録したスタイルを利用する（図2-21）

登録したスタイルを、セルB1で利用します。
セルB1を選択 – **セルのスタイル**ボタン – **ユーザー設定** に登録されている「項目名スタイル」を選びます。

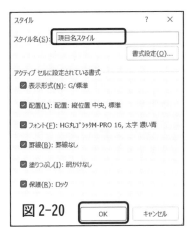

図2-20

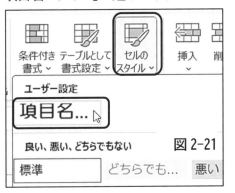

図2-21

Column　書式をコピーする

複写元であるセルを選択 – **ホーム**タブ – **クリップボード**グループ – **書式のコピー/貼り付け**ボタン をクリック – 複写先であるセルを選択すると書式がコピーされます。

14　値の大きさをセル内で視覚的に表示する

【ホーム】タブ ▶ 【スタイル】グループ ▶ 【条件付き書式】ボタン

平均より上の点数を強調表示する

平均より上の点数を濃い赤の文字、明るい赤の背景に設定します。

① データの範囲を選択－**ホーム**タブ－**スタイル**グループ－**条件付き書式**ボタン－**上位/下位ルール**－**平均より上** を選択します（図2-22(1)①）。

② **平均より上**ダイアログボックス－**選択範囲内での書式**:「濃い赤の文字、明るい赤の背景」を選択－**OK** ボタンをクリックします（図 2-23）。図 2-25 の(1)のようになります。

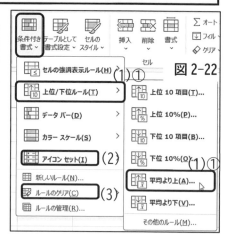

図 2-22

データの大きさをアイコンで表示（図 2-23）

80 点以上は緑色、それ以外で 60 点以上は黄色、それ以外は赤色の丸に設定します。

① データの範囲を選択－上記(1)①より表示されるメニューから**アイコンセット**（図 2-22(2)）－**その他のルール**を選択します。

② **新しい書式ルール**ダイアログボックス－**アイコンスタイル**:「3 つの信号（枠なし）」、**種類**:上下とも「**数値**」、**値**:上から「80」、「60」、記号を上下とも「>=」に設定－**OK** ボタンをクリックします（図2-24）。図 2-25(2)のようになります。

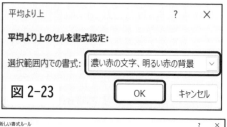

図 2-23

図 2-24

ルールを解除する（図 2-22(3)）

範囲を選択－(1)①で表示されるメニュー（図 2-22）の **ルールのクリア－選択したセルからルールをクリア** を選択します。

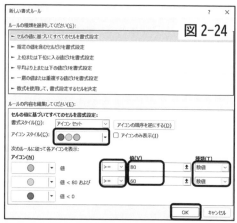

図 2-25

Excel

Chapter 3
計算式、関数、分析

15　計算式の作成

=を入力してセル番地で計算式を作る

計算式は、必ず直接入力（日本語入力オフ）で行います。

計算する（図3-1）

単価と個数から金額（=単価×個数）を計算します。

セルD3に「=」を入力－セルB3をクリック－「*」を入力－セルC3をクリックします。セルD3には「=B3*C3」と入力されていることを確認して、Enterキーを押します。

図3-1

	A	B	C	D
1				
2	種類	単価	個数	金額
3	メロンパン	180	5	=B3*C3

式のコピー（図3-2）

セルD4からセルD6まで金額を計算します。

セルD3を選択して右下の■にマウスポインターを合わせて、マウスポインターの形状が＋の形になったらセルD6までドラッグします。

図3-2

	A	B	C	D
1				
2	種類	単価	個数	金額
3	メロンパン	180	5	900
4	あんぱん	150	2	
5	カレーパン	160	3	
6	クリームパン	150	5	

値を参照する（図3-3）

セルD9でセルD7の値を参照します。セルD9に「=」を入力－セルD7をクリック－セルD9には「=D7」と入力されていることを確認－Enterキーを押します。

図3-3

	A	B	C	D	
6	クリームパン	150	5	750	
7	合計金額			2430	
8					
	請求金額			=D7	円

Column　算術演算子について

■ 算術演算子

算術演算子	意味	算術演算子	意味	算術演算子	意味
+	加算	*	乗算	^	べき乗
-	減算	/	除算		

16　割合の計算

【絶対参照】または【複合参照】を使う

割合を求める

それぞれの通学区間の人数の割合を求めます。

① 人数の合計を使って、それぞれの通学間の割合を求めます。セル C3 に「=B3/B9」と入力－ F4 キーを押し－「=B3/$B$9」となる（図 3-5）のを確認して、 Enter キーを押します。

図 3-4

	A	B	C
1			
2	通学区間	人数	割合
3	～20分	10	=B3/B9

図 3-5

	A	B	C
1			
2	通学区間	人数	割合
3	～20分	10	=B3/$B$9

② 式のコピー（15 図 3-2 参照）を使って、セル C3 の式をセル C4 からセル C8 まで式のコピーをします（図 3-6）。

図 3-6

	A	B	C
2	通学区間	人数	割合
3	～20分	10	0.052632
4	20～40分	55	0.289474
5	40～60分	72	0.378947
6	60～80分	30	0.157895
7	80～100分	20	0.105263
8	100分～	3	0.015789
9	合計	190	

Column　相対参照、絶対参照、複合参照

相対参照は、式でセルを参照している場合、その式がコピーされたとき、セル番地が自動的に変化し、数式が入力されているセルと参照先のセルとの相対的な位置関係がコピー先に保たれる参照の方法です。普通の式のコピーはこれになります。

絶対参照は、式をコピーした場合でもセル番地が変化せず固定したままにする参照形式です。セル番地の行と列に「$」を付けて表します。例えば、$A$4 は A 列の固定、4 行目の固定で、セル A4 が固定されます。これが絶対参照です。 F4 キーを1回押すと絶対参照になります。

複合参照は、列のみ固定、また行のみ固定にする参照の方法です。固定する方に「$」を付けます。例えば A$4 とすれば、4 行目のみ固定、A 列は相対になります。 F4 キーを2回押すと行のみ固定、3回押すと列のみ固定となります。上記の場合、複合参照を使って割合を求めると、セル C3 は「=B3/B$9」となり、行のみを固定します。

17 隣接する計算を簡単にする

【スピル機能】を使う

隣接する計算を簡単にする(1)

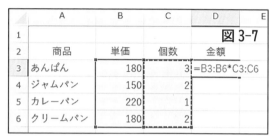
図 3-7

セル D3 からセル D6 に単価×個数の計算をします。

セル D3 に「=」を入力－セル B3 からセル B6 までドラッグ－「*」を入力－セル C3 からセル C6 までドラッグ－「=B3:B6*C3:C6」と入力されているのを確認－ Enter キーを押します（図 3-7）。

結果は図 3-8(A)のようになり－OK ボタン（図 3-8(B)）をクリックします。このメッセージが出るのは最初だけです。

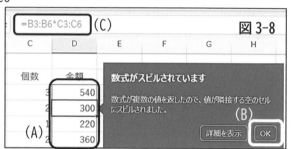
図 3-8

※ セル D3 以外のセルを選択すると、数式バーの式は薄い表示になります（図 3-8(C)）。これをゴーストといいます。ゴーストは、単体で削除することができません。

※ スピル機能を設定しようとする範囲に何か入力されていると、「#スピル！」または「#SPILL！」とエラーが表示されます。その場合は、入力されているものを削除すればエラーでなくなります。

隣接する計算を簡単にする(2)

セル E4 からセル E6 に金額×1.1 の計算をします。
セル E3 に「=」を入力－セル D3 からセル D6 までドラッグ－ドラッグすると「D3#」というように表記される－このまま「*1.1」と入力－「=D3#*1.1」と入力されているのを確認－ Enter キーを押します（図 3-9）。

計算式がまとめて入力されました（図 3-10）。

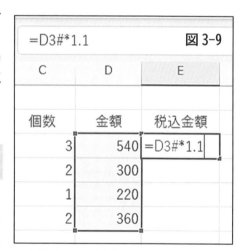
図 3-9

図 3-10

18 合計と平均値を求める

【SUM 関数】、【AVERAGE 関数】

合計を求めるには(図 3-11)

セル B7 に各支店の売上金額の合計を求めます。

セル B7 に「=SUM(」と入力－範囲となるセル B3 からセル B6 までドラッグ－セル B7 に「=SUM(B3:B6」と入力されていることを確認－「)」を入力－ Enter キーを押します。

図 3-13 のように計算されます。

図 3-11

	B
2	支店名 / 売上金額(円)
3	巣鴨支店 / 3,586,000
4	駒込支店 / 5,896,000
5	田端支店 / 8,562,000
6	日暮里支店 / 4,568,000
7	合計 / =SUM(B3:B6)
8	平均値 /

平均値を求めるには(図 3-12)

セル B8 に各支店の売上金額の平均値を求めます。

セル B8 に「=AVERAGE(」と入力－範囲となるセル B3 からセル B6 をドラッグ－セル B8 に「=AVERAGE(B3:B6)」と入力されていることを確認－最後に「)」を入力－ Enter キーを押します。

図 3-13 のように計算されます。

図 3-12

8	平均値	=AVERAGE(B3:B6)

図 3-13

合計	22,612,000
平均値	5,653,000

Column 関数について

■ プルダウンメニュー

関数を直接入力すると、入力の途中からプルダウンで関数の候補が表示されたメニューが出てきます。このプルダウンメニューから関数を選択すると、入力の手間が省けます(図 3-14)。

図 3-14

平均値	=av
	AVEDEV
	AVERAGE
	AVERAGEA
	AVERAGEIF
	AVERAGEIFS

■ 関数について

関数名	意味
SUM(範囲)	範囲の合計を求めます。
AVERAGE(範囲)	範囲の平均値を求めます。

19 最大値、最小値、データ数を求める

【MAX関数】、【MIN関数】、【COUNT関数】、【COUNTA関数】

最大値（または最小値）を求める（図3-15）

最大値を求めるにはMAX関数、最小値を求めるにはMIN関数を使います。

各支店の売上金額の最大値をセルB7に、最小値をセルB8に求めます。

セルB7に「=MAX(B3:B6)」、セルB8に「=MIN(B3:B6)」と入力します（入力の仕方は18を参照）。図3-16のように結果が表示されます。

文字の入ったセルの数を求める（図3-17(2)）

文字・数字・数式などの入ったセルの数を数えるにはCOUNTA関数を使います。セルB11に申し込み人数を求めます。

セルB11に「=COUNTA(A3:A9)」と入力します（入力の仕方は18を参照）。図3-18(2)のように計算されます。

※ COUNTA関数は、エラー値や空の文字列("")を含め、すべての種類のデータを含むセルが計算の対象となります。

数値の入ったセルの数を求める（図3-17(3)）

数値の入ったセルのみを数えるには、COUNT関数を使います。セルB12に国語の受験者数を求めます。

セルB12に「=COUNT(B3:B9)」と入力します（入力の仕方は18を参照）。図3-18(3)のように計算されます。

図3-15

	A	B
1		
2	支店名	売上金額(円)
3	巣鴨支店	3,586,000
4	駒込支店	5,896,000
5	田端支店	8,562,000
6	日暮里支店	4,568,000
7	最大値	=MAX(B3:B6)
8	最小値	=MIN(B3:B6)

図3-16

7	最大値	8,562,000
8	最小値	3,586,000

図3-17

	A	B	C
1			
2	受験番号	国語	
3	gt1001	80	
4	gt1002	90	
5	gt1003	欠席	
6	gt1004	欠席	
7	gt1005	90	
8	gt1006	90	
9	gt1007	100	(2)
10			
11	申し込み人数	=COUNTA(A3:A9)	
12	国語受験(3)	=COUNT(B3:B9)	

11	申し込み人数	(2) 7
12	国語受験者数	(3) 5

図3-18

Column 関数について

関数名	意味	関数名	意味
MAX(範囲)	範囲の最大値を求めます。	COUNTA(範囲)	範囲の空白ではないセルの数を数えます。
MIN(範囲)	範囲の最小値を求めます。	COUNT(範囲)	範囲の数字の入ったセルの数を数えます。

20　中央値、最頻値、分散、標準偏差を関数で求める

【MEDIAN 関数】、【MODE.SNGL 関数】、【VAR.P 関数】、【STDEV.P 関数】

中央値を求める：MEDIAN(範囲)（図 3-19(1)）

中央値を求めるには MEDIAN 関数を使います。

セル D3 に点数の中央値を求めます。図 3-19(1) のように、セル D3 に「=MEDIAN(B3:B12)」と入力します。

結果は図 3-20(1)のようになります。

最頻値を求める：MODE.SNGL(範囲)（図 3-19(2)）

最頻値を求めるには MODE.SNGL 関数を使います。最頻値が複数ある場合は、初めにある値を最頻値として表示します。

セル D5 に点数の最頻値を求めます。(1)と同様に、セル D5 に「=MODE.SNGL(B3:B12)」と入力します。結果は図 3-20(2)のようになります。

※ 最頻値が複数ある場合は最初に出てくる値が優先されます。複数の最頻値を求めるには MODE.MULT 関数があります。
※ 最頻値がない場合はエラーを返します。

分散を求める：VAR.P(範囲)（図 3-19(3)）

範囲を母集団全体とみて分散を求めるには、VAR.P 関数を使います。

セル D7 に点数の分散を求めます。(1)と同様に、セル D7 に「=VAR.P(B3:B12)」と入力します。

結果は図 3-20(3)のようになります。

標準偏差を求める：STDEV.P(範囲)（図 3-19(4)）

範囲を母集団全体とみて標準偏差を求めるには、STDEV.P 関数を使います。

セル D9 に点数の標準偏差を求めます。(1)と同様に、セル D9 に「=STDEV.P(B3:B12)」と入力します。

結果は図 3-20(4)のようになります。

21　1つの条件によって真偽を判断する

【IF関数】

条件によって真偽を判断する：IF(論理式，真の場合，偽の場合)

条件によって判断するには、IF関数を使います。

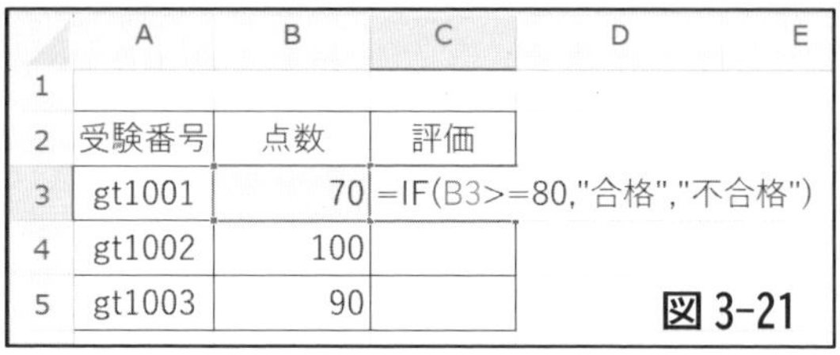

文字列を表示する場合(図3-21)

セルC3からセルC5に、点数が80点以上のとき「合格」、そうでないとき「不合格」と表示します。

セルC3に「=IF(B3>=80F(B3>=80,"合格","不合格")」と入力して、式をコピーします(図3-22)。

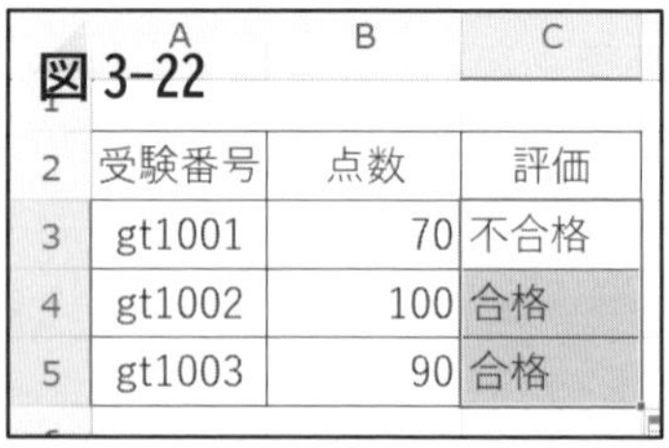

※ ダブルコーテーション(")は半角であることに注意しましょう。

※ IF関数は、論理式の真偽によって、処理を分岐します。処理として文字列を表示するときはダブルコーテーション(")で囲みます。

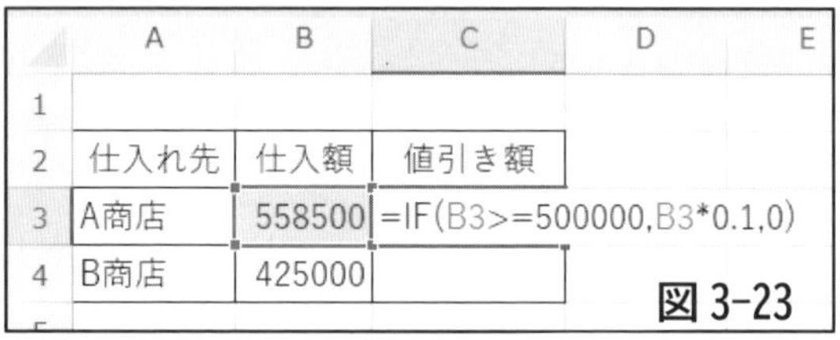

	A	B	C	D	E
1					
2	受験番号	点数	評価		
3	gt1001	70	=IF(B3>=80,"合格","不合格")		
4	gt1002	100			
5	gt1003	90			

図3-21

	A	B	C
2	受験番号	点数	評価
3	gt1001	70	不合格
4	gt1002	100	合格
5	gt1003	90	合格

図3-22

数値を表示する場合(図3-23)

セルC3からセルC4に、仕入額が50000円を超えたら仕入額の1割を値引き額とします。セルC3に「=IF(B3>=500000, B3*0.1, 0)」と入力して、セルC4にコピーします(図3-24)。

	A	B	C	D	E
1					
2	仕入れ先	仕入額	値引き額		
3	A商店	558500	=IF(B3>=500000,B3*0.1,0)		
4	B商店	425000			

図3-23

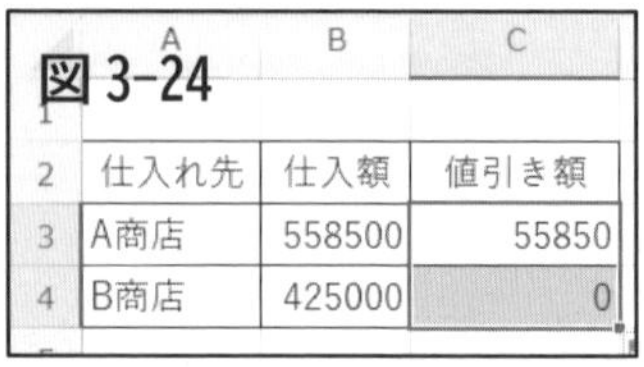

	A	B	C
2	仕入れ先	仕入額	値引き額
3	A商店	558500	55850
4	B商店	425000	0

図3-24

Column　比較演算子

論理式は、比較演算子を使って表します。

比較演算子	意味	例
=	等しい	C4=10　：セルC4が10に等しいとき
<>	等しくない	C4<>10　：セルC4が10と等しくないとき
>	より大きい	C4>10　：セルC4が10より大きいとき
<	より小さい	C4<10　：セルC4が10より小さいとき
>=	以上	C4>=10　：セルC4が10以上のとき
<=	以下	C4<=10　：セルC4が10以下のとき

22　2つ以上の条件によって真偽を判断する

【入れ子】、【論理関数】

入れ子を使う場合（図3-25）

セルC3に英語が80点以上のとき「A」、それ以外で70点以上のとき「B」、それ以外のとき「C」と表示します。

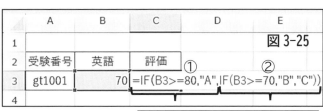

① はじめに「80点以上のとき「A」」の箇所を作成します。セルC3に「=IF(B3>=80,"A",」と入力します。

② 次に「それ以外で70点以上のとき「B」、それ以外のとき「C」と表示」を作成します。①の式に続けて、偽の場合を「IF(B3>=70,"B","C")」とします。図3-25のように最後に「)」を入力して、「=IF(B3>=80,"A",IF(B3>=70,"B","C"))」となったのを確認して、Enterキーを押します。図3-26のように結果が表示されます。

論理関数を使う方法（図3-27）

午前と午後ともに80点以上のとき「合格」、それ以外は「不合格」と表示します。
IF関数の論理式を「AND(B3>=80,C3>=80)」(A)、真の場合を「"合格"」、偽の場合を「"不合格"」として作成します。セルD3は、「=IF(AND(B3>=80,C3>=80),"合格","不合格")」となります（図3-27）。結果は図3-28のようになります。

Column　論理関数について

関数名	意味
AND(論理式1,論理式2,…)	全ての論理式が条件を満たしている場合のみ真、それ以外は偽を返します。
OR(論理式1,論理式2,…)	いずれかの論理式が条件を満たしている場合に真、すべて満たしていない場合に偽を返します。
NOT(論理式)	論理式の論理値の逆を返します。

23　四捨五入、切り上げ、切り捨てをする

【ROUND 関数】、【ROUNDUP 関数】、【ROUNDDOWN 関数】、【INT 関数】

四捨五入：ROUND(数値, 桁数)（図 3-29(1)）

セル B4 にセル B2 の値を小数点 3 桁目で四捨五入して、小数点 2 桁で表示します。

セル B4 に「=ROUND(B2,2)」と入力します。図 3-30(1)のような結果になります。

※ 桁数は、図 3-31 のように、小数点以下 1 位は「1」、小数点以下 2 位は「2」、・・・、一の位は「0」、十の位は「-1」、百の位は「-2」、・・・となります。

	A	B	
1		図 3-29	
2	値	3112.4578	
3			
4	四捨五入	=ROUND(B2,2)	(1)
5	切り上げ	=ROUNDUP(B2,2)	(2)
6	切り捨て1	=ROUNDDOWN(B2,2)	(3)
7	切り捨て2	=INT(B2)	(4)

切り上げ：ROUNDUP(数値, 桁数)（図 3-29(2)）

セル B5 にセル B2 の値を小数点 3 桁目で切り上げて、小数点 2 桁で表示します。セル B5 に「=ROUNDUP(B2,2)」と入力します。図 3-30(2)のような結果になります。

	A	B	
1	図 3-30		
2	値	3112.4578	
3			
4	四捨五入	3112.46	(1)
5	切り上げ	3112.46	(2)
6	切り捨て1	3112.45	(3)
7	切り捨て2	3112	(4)

切り捨て：ROUNDDOWN(数値, 桁数)（図 3-29(3)）

セル B6 にセル B2 の値を小数点 3 桁目で切り捨てて、小数点 2 桁で表示します。セル B6 に「=ROUNDDOWN(B2,2)」と入力します。図 3-30(3)のような結果になります。

小数部分のみ切り捨て：INT(数値)（図 3-29(4)）

セル B7 にセル B2 の値を小数部分で切り捨て、整数部分のみをセル B7 に表示します。セル B7 の式は「=INT(B2)」となります。図 3-30(4)のような結果になります。

	千の位	百の位	十の位	一の位		小数点以下1位	小数点以下2位	小数点以下3位	小数点以下4位
	3	1	1	2	.	4	5	7	8
	↓	↓	↓	↓		↓	↓	↓	↓
桁数	-3	-2	-1	0		1	2	3	4

図 3-31

24 順位に関する関数

【RANK.EQ 関数】、【RANK.AVG 関数】、【LARGE 関数】、【SMALL 関数】

データの順位を求める（図 3-32(1)）

英語の点数の順位を求めます。点数が同じ場合は、同じ整数の順位が表示されるように、RANK.EQ 関数を使います。

セル C3 には「=RANK.EQ(B3, $B$3:$B$8, 0)」と入力します。ここで範囲は式のコピーをするため絶対参照に設定しました。セル C3 の式をセル C4 からセル C8 までコピーすると図 3-33(1)のように結果が表示されます。

	A	B	C	D	E
1	図 3-32				
2	受験番号	英語	順位		(1)
3	gt1001	70	=RANK.EQ(B3,$B$3:$B$8,0)		
4	gt1002	100			
5	gt1003	90		大きい方から2番目	
6	gt1004	80		=LARGE(B3:B8,2)	(2)
7	gt1005	90			
8	gt1006	70			

指定した順位のデータを表示する（図 3-32(2)）

セル E6 に点数で大きいほうから 2 番目のデータを求めるには、LARGE 関数を使います。

セル E6 に「=LARGE(B3:B8, 2)」と入力します。結果は図 3-33(2)のようになります。

	A	B	C	D	E
1	図 3-33				
2	受験番号	英語	順位		
3	gt1001	70	5		(1)
4	gt1002	100	1		
5	gt1003	90	2	大きい方から2番目	
6	gt1004	80	4		90
7	gt1005	90	2		(2)
8	gt1006	70	5		

Column 関数について

関数名	意味
RANK.EQ(数値, 範囲, 順序)	範囲の中で数値の順位を求めます。複数のデータが同じ順位となる場合、同順位がつき、それ以降の数値の順位がずれます。
RANK.AVG(数値, 範囲, 順序)	範囲の中で数値の順位を求めます。複数のデータが同じ順位になる場合は、平均の順位となります。
順序は降順（…3, 2, 1）の場合は「0」（省略可）、昇順（1, 2, 3,…）の場合は「1」（省略不可）を指定します。	
LARGE(範囲, 順位)	範囲の中で、大きい方から順位番目のデータを求めます。
SMALL(範囲, 順位)	範囲の中で、小さい方から順位番目のデータを求めます。

25　複数のシートの同じセルのデータを集計する

【3D集計】

複数のシートの同じセル番地のデータを集計するには

「集計表」シートに「浅草支店」から「上野支店」までの集計をします。複数のシートには同じ形式の表があることが前提です。

① 「月」の「あんぱん」の売上個数の集計を「集計」シートのセル B4 に行います。「集計」シートのセル B4 をクリック－「=SUM(」と入力します(図 3-34)。

② 「浅草支店」シートのシート見出しをクリック(図 3-35②-1)－「浅草支店」シートのセル B4 を選択します(図 3-35②-2)。数式バーを見ると、式は「=SUM(浅草支店!B4」となっています(図 3-35②-3)。
　※ びっくりマーク「!」はシートを指しています。

③ Shift キーを押したまま「上野支店」シートのシート見出しをクリック(図 3-36③-1)－数式バーに「=SUM('浅草支店:上野支店'!B4)」と表示されるので(図 3-36③-2)、そのまま、Enter キーを押します。集計表シートに浅草支店から上野支店までのセル B4 の合計が計算されます。

④ 「集計」シートのセル B4 の式を他のセルへコピーします(図 3-37)。

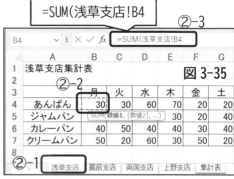

26　1つの条件を満たすデータの合計などを求める

【SUMIF 関数】、【AVERAGEIF 関数】、【COUNTIF 関数】

条件を満たすデータの合計を求める：SUMIF 関数（図 3-38(1)）

　セル F2 にコーヒー豆の注文数の合計を求めます。
範囲：「セル B3 からセル B12」
条件：「"コーヒー豆"」
合計対象範囲：「セル C3 からセル C12」
として、セル F2 に
「=SUMIF(B3:B12,"コーヒー豆",C3:C12)」と入力します。結果は図 3-39(1)のようになります。

条件を満たすデータ数を求める：COUNTIF 関数（図 3-38(2)）

　セル F4 に、注文数が 30 以上の日数を求めます。
範囲：「セル C3 からセル C12」
条件：「">=30"」
として、セル F4 に
「=COUNTIF(C3:C12,">=30")」と入力します。図 3-39(2)のような結果になります。
　※ 条件は「">=30"」のように、ダブルコーテーションで囲みます。

Column　関数について

関数名	意味
SUMIF(範囲,条件,合計対象範囲)	範囲から 1 つの条件に一致する行の合計範囲のデータの合計を求めます。
AVERAGEIF(範囲,条件,平均対象範囲)	範囲から 1 つの条件に一致する行の平均対象範囲のデータの平均を求めます。
COUNTIF(範囲,条件)	範囲から 1 つの条件に一致するセルの数を求めます。

27 複数の条件を満たすデータの合計などを求める

【SUMIFS 関数】、【AVERAGEIFS 関数】、【COUNTIFS 関数】

複数の条件を満たすデータの合計を求める：SUMIFS 関数（図 3-40(1)）

セル G2 に支店 1 のコーヒー豆の注文数の合計を求めます。
合計対象範囲：「セル C3 からセル C16」
条件範囲 1：「セル B3 からセル B16」
条件 1：「コーヒー豆」
条件範囲 2：「セル D3 からセル D16」
条件 2：「支店 1」
として、セル G2 に「=SUMIFS(C3:C16,B3:B16,"コーヒー豆",D3:D16,"支店 1")」と入力します。図 3-41(1)のような結果となります。

複数の条件を満たすデータ数を求める：COUNTIFS 関数（図 3-40(2)）

セル G4 に、コーヒー豆の注文数が 30 以上の日数を求めます。
条件範囲 1「セル B3 からセル B16」、条件 1 を「コーヒー豆」、
条件範囲 2 を「セル C3 からセル C16」、条件 2 を「">=30"」として、
セル G4 に「=COUNTIFS(B3:B16,"コーヒー豆",C3:C16,">=30")」と入力します。図 3-41(2)のような結果になります。

Column 関数について

関数名	意味
SUMIFS(合計対象範囲, 条件範囲 1, 条件 1, 条件範囲 2, 条件 2, …)	範囲から複数条件に一致するデータの合計を求めます。
AVERAGEIFS(平均対象範囲, 条件範囲 1, 条件 1, 条件範囲 2, 条件 2, …)	範囲から複数条件に一致するデータの平均を求めます。
COUNTIFS(条件範囲1, 条件1, 条件範囲2, 条件2, …)	範囲から複数条件に一致するセルの数を求めます。

28　検索値をもとに表から値を抽出する

【VLOOKUP 関数】、【HLOOKUP 関数】

一覧表から値を取り出す：VLOOKUP 関数（図 3-42）

セル B3 の商品番号をキーとして、商品一覧表からセル C3 に商品名を表示します。
検索値：「セル B3」、範囲：「セル B9 からセル D14」、列番号：「2」、検索方法「FALSE」を使います。セル C3 に「=VLOOKUP(B3, $B$9:$D$14, 2, FALSE)」と入力して、セル C3 の式を下へコピーをすると図 3-43 のようになります。ここで範囲は式のコピーをするため、絶対参照に設定しました。HLOOKUP 関数は、検索値が横に並んでいる場合に使用します。

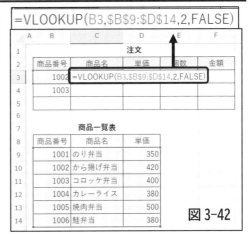

図 3-42

商品番号が入力されていないときのエラーを回避する

セル C3 の式をセル C4 からセル C5 までコピーすると、図 3-43 のような#N/A のエラーになります。これはセル B5 に商品番号が入力されていないためです。修正方法は(A)と(B)があります。セル C3 を次のように修正して式のコピーをしてみましょう。

(A) IF 関数で回避：「=IF(B3="", "", VLOOKUP(B3, $B$9:$D$14, 2, FALSE))」。ここで、ダブルコーテーション 2 つ("")は空白を表します。セル B5 に入力がなければ空白になります。
(B) IFERROR 関数で回避：「=IFERROR(VLOOKUP(B3, $B$9:$D$14, 2, FALSE), "")」IFERROR 関数は左側の式や値にエラーがあれば右側の処置をする関数です。

Column　関数について

関数名	意　味
VLOOKUP(検索値, 範囲, 列番号, 検索方法)	範囲の1列目に検索値があるか検索して、対応する列番号のデータを表示します。
HLOOKUP(検索値, 範囲, 行番号, 検索方法)	範囲の1行目に検索値があるかを検索して、対応する行番号のデータを表示します。
IFERROR(値, エラーの場合の値)	左側の値にエラーがあれば、右側の処置になります。

ここで列番号(行番号)は、指定された範囲で左(上)から何列目(行目)かということです。検索方法は、検索値に指定した値と完全に一致する値(FALSE)と近似値(TRUE)を検索します。該当するデータがない場合、「TRUE」の場合は検索値を超えない最も大きい値を表示し、「FALSE」の場合はエラーを表示します。

29 検索値が行・列に関係なく表から値を抽出する

【XLOOKUP関数】を使う

一覧表から値を取り出す：XLOOKUP関数（図3-44）

商品番号をキーとして、商品一覧表からセルC3に商品名を表示し、見つからない場合は空白に設定します。

検索値：「セルB3」、検索範囲：「セルB8からセルB13」、戻り範囲：「セルD8からセルD13」、見つからない場合：「""」を使います。

セルD3に「=XLOOKUP(B3,$B$8:$B$13,$D$8:$D$13,"")」と入力して数式を確定すると図3-45のようになります。

※ VLOOKUP関数とXLOOKUP関数の違い
　列番号を数える必要がありません。検索値は左端である必要はなく、IFERROR関数を使わなくても検索値が見つからない場合の指定ができます。

Column 関数について

関数名	意 味
XLOOKUP(検索値, 検索範囲, 戻り範囲, [見つからない場合]①, [一致モード]②, [検索モード]③)	「検索値」で、「検索範囲」を検索して、「返す範囲」にある値を取り出します。この3つは必須です。①[見つからない場合]、②[一致モード]、③[検索モード]は省略可で、①は検索値が見つからなかった場合に、表示するメッセージを指定することができます。②は、「検索値」との一致の判定基準を設定し、「0」or省略で完全一致になります。③は、検索する順序を指定します。「1」or省略で、先頭→末尾の順で検索します。

30 文字列の処理

【SUBSTITUTE 関数】、【MID 関数】、【LEFT 関数】、【RIGHT 関数】

指定した文字列を他の文字列に変更する：SUBSTITUTE 関数（図 3-46）

D 列のメールアドレス 1 の「_a_」を「@」に変更し、メールアドレス 2 に表示します。

文字列：「セル D2」、検索文字列：「"_a_"」、置換文字列：「"@"」として SUBSTITUTE 関数を使います。セル E2 に「=SUBSTITUTE(D2,"_a_","@")」と入力します（図 3-46）。結果は図 3-47 のようになります。

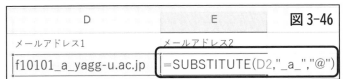

文字列を取り出す（図 3-48）

ファイル名の 9 文字目より 5 文字を取り出します。

文字列：「セル A2」、開始位置：「9」、文字数：「5」として MID 関数を使います。セル B2 に「=MID(A2,9,5)」と入力します。結果は図 3-49 のとおりです。

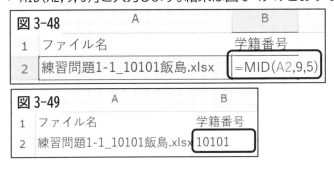

Column

関数名	意味
SUBSTITUTE(文字列, 検索文字列, 置換文字列, 置換対象)	文字列から検索文字列を置換文字列に置き換えます。検索文字列が複数ある場合には、置換対象に何番目かを指定すれば該当番目の検索文字列が置換されます。省略した場合はすべて置換されます。
MID(文字列, 開始位置, 文字数)	文字列の中から開始位置から文字数分の文字を取り出します。
LEFT(文字列, 文字数)	文字列の左から文字数分の文字を取り出します。
RIGHT(文字列, 文字数)	文字列の右から文字数分の文字を取り出します。

31 拡張機能を追加

【ファイル】タブ ▶ 【オプション】 ▶ 【アドイン】

拡張機能を追加するには

分析ツールを使えるようにします。

① **ファイル**タブ－**オプション** を選択します（図3-50）。

図3-50

② 図3-51の**Excelのオプション**ダイアログボックス－**アドイン**（②-1）－**Excel アドイン**（②-2）－**設定**ボタン（②-3）をクリックします。

③ 図3-52の**アドイン**ダイアログボックス－**分析ツール** にチェック（③-1）－**OK** ボタン（③-2）をクリックします。

④ **データ**タブの **分析**グループに **データ分析**ボタンが作成されます（図3-53）。

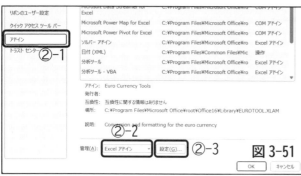

図3-51

図3-52

図3-53

Column オートカルクについて

「オートカルク」は選択した範囲の合計や平均などをステータスバーに表示する機能です。ステータスバーを右クリックして、表示したい項目にチェック（図3-54(A)）を入れると、ステータスバーに表示（図3-54(B)）できます。

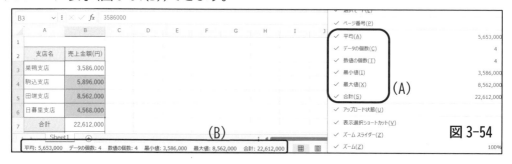

図3-54

32 基本統計量を簡単に表示する

【データ】タブ ▶ 【分析】グループ ▶ 【データ分析】

基本統計量を簡単に表示するには

基本統計量とはデータの特性を表す値を指します。

① **データ**タブ−**分析**グループ−**データ分析**ボタンをクリックします（**データ分析**ボタンがない場合は31の拡張機能を追加を参照）。

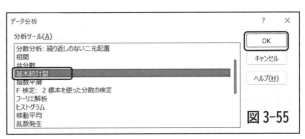
図3-55

② **データ分析**ダイアログボックス−**基本統計量**−**OK**ボタンをクリックします（図3-55）。

③ **基本統計量**ダイアログボックスで次のように設定して、**OK**ボタンをクリックします（図3-56）。

入力範囲：集計したい範囲を指定
データ方向：[列]、
[先頭行をラベルとして使用]にチェック（数値範囲だけを指定した場合は不要）、
出力先：セルを指定、
[統計情報]にチェック

図3-56

④ 点数による基本統計量が表示されます（図3-57）。

図3-57

Column 数式を表示する

数式を表示するには、**数式**タブ−**ワークシート分析**グループ−**数式の表示**ボタンをクリックします（図3-58）。図3-59のように数式が表示されます。

図3-58　ワークシート分析

図3-59

33　関数がわからないとき

【関数の挿入】

関数が全くわからないとき（図 3-60）

セル B7 に合計を求めます。合計を求める関数がわからないとします。

① セル B7 をクリック－**関数の挿入**ボタンまたは**数式**タブ－**関数ライブラリ**－**関数の挿入** をクリックします。

② **関数の挿入**ダイアログボックス－「何がしたいかを簡単に入力して、[検索開始]をクリックしてください。」と反転している箇所をクリック(②-1)－検索したいこと、ここでは「合計」と入力－**検索開始**ボタンをクリックします(②-2)。

③ **関数名** に候補となる関数一覧が表示されます。下の説明を参考にして、該当する関数（ここでは SUM 関数）を選択－**OK** ボタンをクリックします（図 3-61）。

④ **関数の引数**ダイアログボックス－該当する引数を設定（ここでは数値 1 にセル B3 からセル B6 を設定しています）－**OK** ボタンをクリックします（図 3-62）。

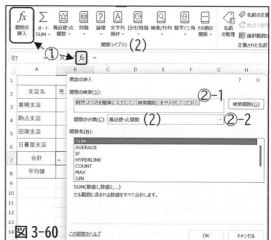

図 3-60

図 3-61

関数はわかるが使い方がわからない（図 3-60(2)）

[関数ライブラリ]からカテゴリを選択して、関数を選びます。または、**関数の挿入**ダイアログボックス―**関数の分類**のプルダウンメニューからカテゴリを選択するか「すべて表示」を選んで、アルファベット順に並ぶ関数から選択します。

図 3-62

Excel

Chapter 4
シート操作

34　シートの追加・削除、シート名の変更

シート見出しを使う

シートを追加する（図4-1）

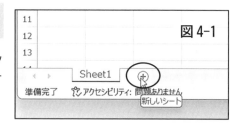

新しいシートボタン⊕をクリックします。または、シート見出しを右クリックして、挿入 をクリックします（図4-2）。

シートを削除する（図4-2）

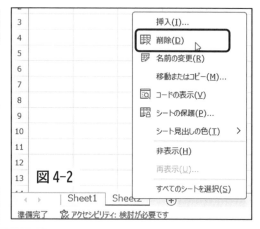

削除したいシートのシート見出しを右クリック－削除 を選択します。

ただし、削除したいシートにデータがある場合、図4-3のメッセージが出てきます。そのまま削除ボタンをクリックすれば削除されます。

シート名を変更する（図4-4）

シート名を変更すると、どんなデータが入力されているかわかりやすくなります。

シートの見出しをダブルクリック－見出しの文字が反転したら－新しいシート名を入力－ Enter キーを押します。

Column　シート見出しの色を変えると整理しやすい

シート名を変えるほかに、シート見出しの色を変えるとわかりやすくなります。

シート見出しの色を変更するには、図4-2のメニューから シート見出しの色－任意の色を選択します。他のシート見出しをクリックすると、色を確認できます。

35 シートの移動とコピー

シート見出しをドラッグ

シートを移動するには(図 4-5)

「浅草支店」シートを「蔵前支店」シートの後ろに移動します。「浅草支店」シートのシート見出しを「蔵前支店」シートの後ろ(右)にドラッグします。

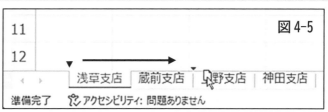

図 4-5

※ ドラッグのコツは、ドラッグしようとすると▼が「浅草支店」シートの見出しの左上に表示されます。これが「蔵前支店」シートの右側に移動するまでドラッグするとうまくできます。

シートをコピーするには(図 4-6)

「上野支店」シートを「上野支店」シートの後ろにコピーします。

① Ctrl キー+「上野支店」シートのシート見出しを「上野支店」シートの後ろ(右)にドラッグします。

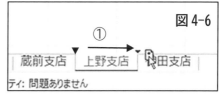

図 4-6

※ ドラッグのコツは移動と同じですが、マウスの方の指を先に、 Ctrl キーを後で離すとうまくいきます。

図 4-7

② 「上野支店」シートの右側に「上野支店(2)」シートができます(図 4-7)。

Column 見せたくないシートを非表示にする

見せたくないシートを非表示にするには、非表示にしたいシートのシート見出しを右クリック−**非表示**を選択します(34 図 4-2 参照)。

また、再表示するには、任意のシートのシート見出しを右クリック−**再表示** を選択します(34 図 4-2)。**再表示**ダイアログボックス−表示したいシートを選択−**OK** ボタンをクリックします(図 4-8)。

図 4-8

36 複数シートの同じセルに同じ文字を入力する

【Shift】キー または【Ctrl】キーを使ってシートを選択

連続したシートの同じセルに同じ文字を入力するには(図4-9)

「A組」シートから「D組」シートのすべてのセルA1に「成績評価表」と入力します。

① 「A組」シートを選択 – Shift キー+「D組」シートのシート見出しをクリックします。4シートが選択状態になります。

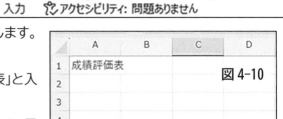

② 「A組」シートのセルA1に「成績評価表」と入力します。

③ すべてのシートを選択している場合は、最初のシート以外、すなわち「B組」シートから「D組」シートのいずれか1つを選択する(図4-10)

と、選択状態が解除されるので、それぞれのシートに入力されているかを確認します。

※ 選択されていないシートがある場合は、選択されていないシートを選択すると選択状態が解除されます。

離れたシートの同じセルに同じ文字を入力するには(図4-11)

「A組」シートと「D組」シートのセルA1に「成績評価表」と入力します。

① 「A組」シートを選択 – Ctrl キー+「D組」シートのシート見出しをクリックします(2つのシートが選択状態になります)。

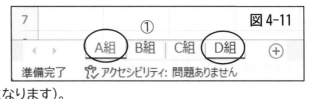

② 「A組」シートのセルA1に「成績評価表」と入力します。

③ 選択状態でないシート、すなわち「B組」シートか「C組」シートのうち1つを選択すると、選択状態から抜けられるので、それぞれのシートを確認します。

Column 作業グループ

複数のシートを選択状態にすることを作業グループといいます。作業グループに設定した状態で、入力したり、書式を設定したりすると、作業グループすべてのシートに適用されます。

Excel

Chapter 5
視覚的表示

37　グラフの作成

【挿入】タブ ▶ 【グラフ】グループ ▶ グラフの選択

グラフの作成（図5-1）

集合縦棒グラフを作成します。

グラフにしたい範囲を選択(A)－**挿入**タブ－**グラフ**グループ－グラフの種類（**縦棒**ボタン－**集合縦棒**グラフ）を選択します(B)。

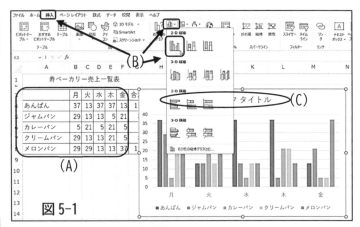

図5-1

タイトルを変更する（図5-1）

グラフの中の[グラフタイトル]を選択－タイトルを入力します(C)。

軸ラベルを付ける

縦軸に垂直に軸ラベルを付けます。

① グラフを選択－右上に表示される⊞をクリック－**軸ラベル**の右にある▷－**第1縦軸** にチェックを付けます（図5-2）。

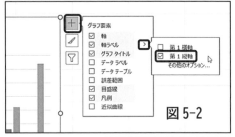

② 縦軸に「軸ラベル」が表示されるので、軸ラベルに入力します（図5-3）。

③ ②で入力された軸ラベルをダブルクリック－**軸ラベルの書式設定**作業ウィンドウ－**サイズとプロパティ**－**文字列の方向**の▼をクリック－**縦書き** を選択します（図5-4）。

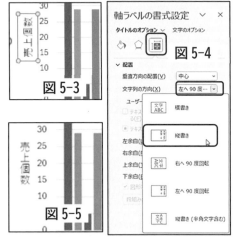

出来上がると図5-5のようになります。

※ ②、③は、グラフを選択して、**グラフデザイン**タブ－**グラフのレイアウト**グループ－**グラフ要素を追加**ボタン を使っても行えます（図5-6）。この場合、③は**その他の軸ラベルオプション**を用います。

図5-6

38 グラフのサイズの変更と移動

【グラフエリア】

グラフのサイズの変更（図5-7）

グラフを選択し、サイズ変更ハンドル（四隅にある白丸）にマウスポインターを合わせます。両向きの矢印の形になったらドラッグします。

グラフの内側にドラッグすると縮小、グラフの外側にドラッグすると拡大になります。

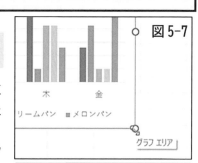

グラフを移動するには（図5-8）

グラフを選択し、グラフエリアでマウスの形を確認したら、目的の位置までドラッグします。

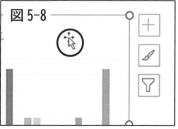

Column　離れた範囲のグラフ作成とグラフの名称について

■ 離れた範囲でグラフを作成する

Ctrl キー＋範囲を選択します。図5-9ではセルA3からセルA8まで選択－ Ctrl キー＋G3からセルG8まで選択しています。そのまま[挿入]タブから[グラフ]グループのグラフを選んで、グラフを作成します。

■ グラフの名称について

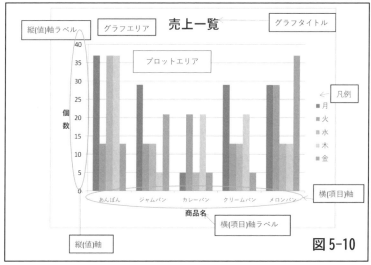

39 グラフのデータを変更する

データの範囲の変更、【行／列の切り替え】ボタンを使用

グラフにデータを追加（削除）する（図 5-11）

38 のグラフにクロワッサンのデータ（A9 からセル F9）を追加します。

グラフを選択－表の青い太線の右下（セル F8 の右下）にマウスポインターを合わせて－両方向の矢印に変わったらセル F9 までドラッグします。グラフは図 5-12 のようになります。

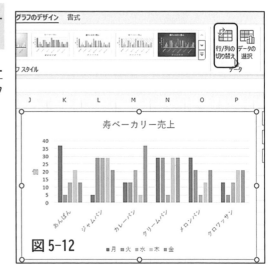

グラフの行と列データを逆にする（図 5-12）

グラフを選択－**グラフのデザイン**タブ－**データ**グループ－**行/列の切り替え**ボタンをクリックします。図 5-13 のようになります。

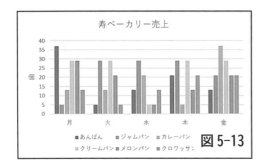

Column　グラフを別のシートに簡単に移動するには

グラフを別のシートにしたい場合、グラフを選択して－**グラフのデザイン**タブ－**場所**グループ－**グラフの移動**ボタン（図 5-14(A)）をクリック－移動先を指定（図 5-14(B)）－OK ボタンをクリックします。

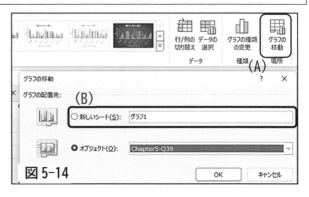

40　凡例項目や横軸ラベルをグラフ作成後に設定する

【グラフのデザイン】タブ ▶ 【データ】グループ ▶ 【データの選択】ボタン

凡例項目をグラフ作成後に設定する

凡例項目（月～金）を後で設定します。

① グラフを選択－**グラフのデザイン**タブ－**データ**グループ－**データの選択**ボタンをクリックします（図5-15）。

② **データソースの選択**ダイアログボックス－左下の**凡例項目**の「系列1」を選択－**編集**ボタンをクリックします（図5-16）。

③ **系列の編集**ダイアログボックス－**系列名**の下のテキストボックスにカーソルがあるのを確認して、系列1の系列名があるセル D3（「月」のところ）をクリック－**OK**ボタンをクリックします（図5-17）。 系列2以降も同様です。

④ 最後に**データソースの選択**ダイアログボックスの **OK** ボタンをクリックします（図5-16④）。凡例が表示されます。

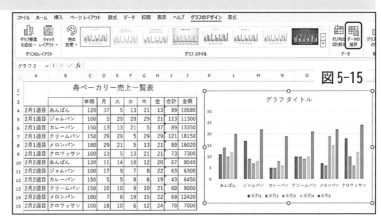

図5-15

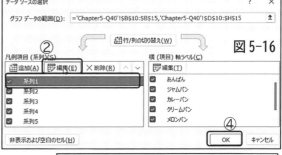

図5-16

横軸ラベルを後で設定する

横軸ラベル（あんぱん～クロワッサン）を後で設定する場合は、(1)と同様に**データソースの選択**ダイアログボックス－図5-16の**横軸ラベル**－**編集**ボタンをクリック－横軸ラベルがあるセルを範囲選択（図5-18）－**OK**ボタンをクリックします。

図5-17

図5-18

41 グラフの種類を変更する

【グラフのデザイン】タブ ▶【グラフの種類の変更】ボタン

グラフ全体の種類を変更する

39 の集合縦棒グラフを積み上げ縦棒グラフに変更します。

① グラフを選択－**グラフのデザイン**タブ－**種類**グループ－**グラフの種類の変更**ボタンをクリックします(39 図 5-14)。

② **グラフの種類の変更**ダイアログボックス－**縦棒**－**積み上げ縦棒** を選択－**OK** ボタンをクリックします(図 5-19)。

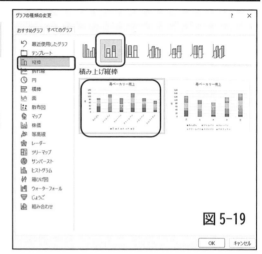

図 5-19

一部のグラフの種類を変更する(図 5-21)

40 の同データで合計データを含んだ棒グラフを作成し、[系列"合計"]のみをマーカー付き折れ線グラフに変更し、第 2 軸を作ります。

① グラフを選択－上記(1)①と同じ操作で、**グラフの種類の変更**ダイアログボックスを表示します。

② 左側 **すべてのグラフ** で **組み合わせ** を選択(②-1)―右下の **データ系列に使用するグラフの種類と軸を選択してください** で「合計」の箇所を[マーカー付き折れ線]を選択、第 2 軸にチェックを入れ(②-2)―**OK** ボタンをクリックします。

※ 大きさが異なるデータを表示するときに、右側に第 2 軸をとるとグラフが見やすくなります。

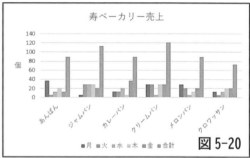

図 5-20

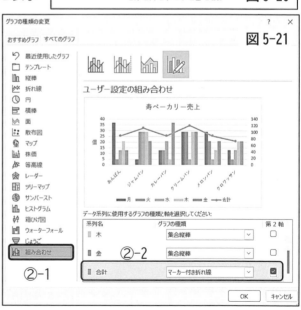

図 5-21

42　数値軸を変更する

【軸の書式設定】作業領域 ▶ 【軸のオプション】

単位を変更する(図 5-22(1))

縦軸を万単位にします。
グラフを選択して、縦軸のところをダブルクリック－**軸の書式設定**作業ウィンドウ－**軸のオプション**－軸のオプション－**表示単位** の▼をクリック－**万** を選択します。図 5-23 の(1)ようになります。

数値軸の目盛間隔を変更する(図 5-22(2))

目盛間隔を 100000 から 200000 に変更します。
(1)と同様で、**軸の書式設定**作業ウィンドウを表示－**軸のオプション** の **単位** の **主**を「200000」に変更します。図 5-23 の(2)ようになります。

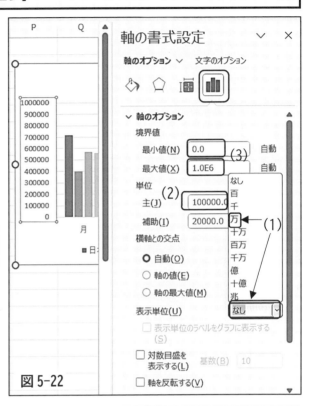

図 5-22

軸の最小値と最大値を変更する(図 5-22(3))

軸の最小値を 200000、最大値を 900000 と設定します。
(1)と同様で、**軸の書式設定**作業ウィンドウ－**軸のオプション**－**最小値**:「200000」、**最大値**:「900000」に変更します。図 5-23(3)のようになります。

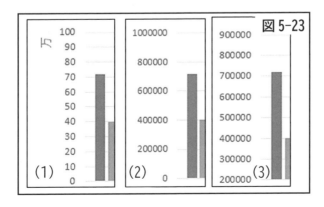

図 5-23

43 データラベルを設定する

【グラフ要素】ボタン ▶【データラベル】または【レイアウト】グループ ▶【グラフ要素を追加】

データラベルを設定する（図5-24）

データラベルを設定したいグラフを選択—グラフ右上の**グラフ要素**をクリック—**データラベル**を選択すると表示されます。

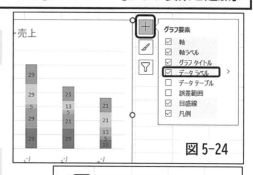

図5-24

分類名と%を表示したグラフにする

円グラフのデータラベルを分類名と%表示にします。
① グラフを選択—右上の**グラフ要素**をクリック—**データラベル**の右にある▷をクリックして、**その他のオプション**を選択します（図5-25）。

② **データラベルの書式設定**作業ウィンドウ—**ラベルオプション**を選択—**ラベルの内容**：「分類名」、「パーセンテージ」、「引き出し線を表示する」にチェックを入れます（図5-26(2)）。

※ 凡例は選択して Del キーで削除ができます。

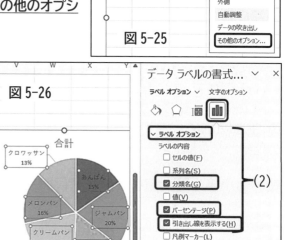

図5-25

図5-26

データラベルのパーセンテージを小数点1桁で表示するには

パーセンテージを小数点1桁表示に設定します。
データラベルの書式設定作業ウィンドウの下に表示される**表示形式 をクリック**し、（図5-26(3)）で、**カテゴリ**：[パーセンテージ]、**小数点以下の桁数**を「1」に設定します（図5-27）。

※ データラベルの設定は、**グラフのデザイン**タブ—**グラフのレイアウト**グループ—**グラフ要素を追加** ボタンを使っても行えます。

図5-27

44 ヒストグラムの作成

【挿入】タブ ▶ 【グラフ】グループ ▶ 【ヒストグラム】、または【データ】タブ ▶ 【分析】ツール

グラフグループから作成

度数分布表からヒストグラムを作成します。
① セル F4 からセル F10 とセル H4 からセル H10 までを選択－**挿入**タブ－**グラフ**グループ－**統計グラフ**－**ヒストグラム** を選択します（図 5-28）。

② 図 5-29 のようなグラフが作成されます。横軸ダブルクリック－**軸の書式設定**作業ウィンドウ－**軸のオプション**：[分類項目別]を選択します（図 5-30）。図 5-31 のようにヒストグラムが作成されます。

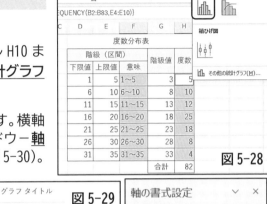
図 5-28

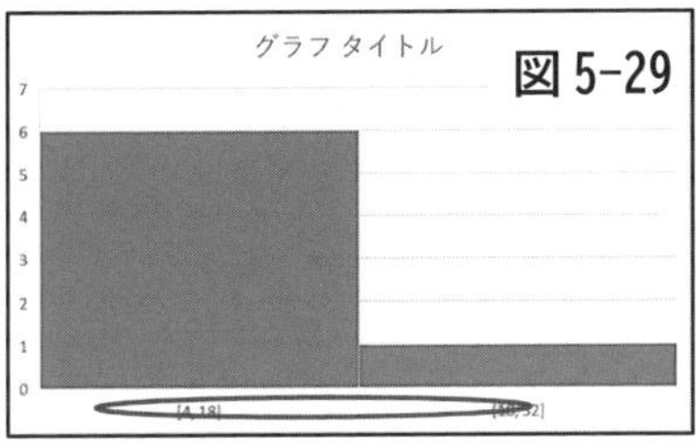

分析ツールから作成（図5-32）

分類したいデータとそのデータの階級を入力します。

① **データ**タブ－**分析**グループ－**分析ツール** をクリック－**データ分析**ダイアログボックス－**ヒストグラム** を選択－**OK** ボタンをクリックします（32 図 3-55 参照）。分析ツールが表示されない場合は 31 拡張機能を追加 を参照してください。

② **入力範囲** はデータが記述されている範囲（ここでは、セル B2 からセル B83）、**データ区間** は階級（ここでは、セル E4 からセル E10）を指定－**グラフ作成** にチェック－**OK** ボタンをクリックします（図 5-32）。

図 5-29
図 5-30

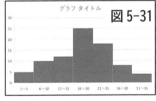
図 5-31

③ 新規のワークシートに度数分布表とヒストグラムが作成されます（図 5-33）。

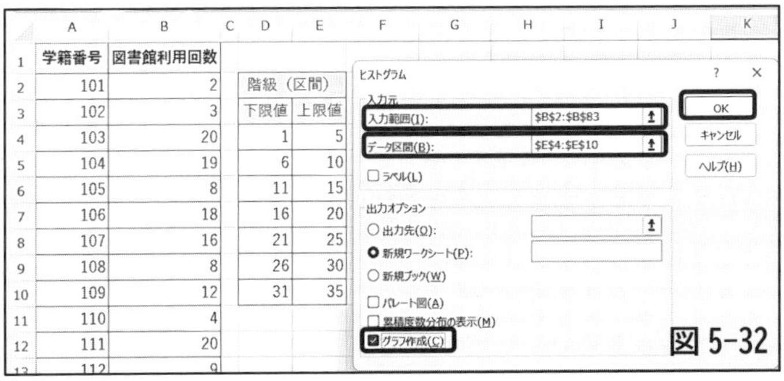

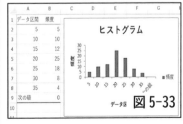
図 5-32
図 5-33

45　箱ひげ図の作成

【挿入】タブ ▶【グラフ】グループ ▶【ヒストグラム】▶【箱ひげ図】

箱ひげ図の作成

図 5-34 のデータを箱ひげ図で表します。

データ(セル B1 からセル C51)を選択 − **挿入**タブ − **グラフ**グループ − **統計グラフ** − **箱ひげ図** を選択します。(44 図 5-28 参照)。図 5-35 の箱ひげ図が表示されます。

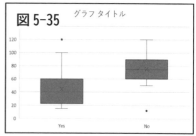

平均値などの情報を表示する(図 5-36)

表示された箱ひげ図の右上の **グラフ要素** − **データラベル** を選択すると、「平均値」「中央値」「第1四分位点」「第3四分位点」「最小値」「最大値」「外れ値」が数値として表示されます。

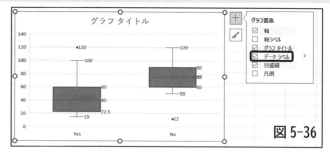

Column　重要な情報の表示

箱ひげ図の箱の上で右クリック − **データ系列の書式設定** を選択すると、**データ系列の書式設定**作業ウィンドウが表示されます。このうち、[特異ポイントを表示する]にチェックが入っていると外れ値が表示され、[平均マーカーを表示する]にチェックが入っていると平均値に×の印が表示されます(図 5-37)。

[内側のポイントを表示する]にチェックが入っていると、ひげとひげの間の点が表示されます。

[四分位数計算]の[包括的な中央値]は中央値を含んだ第一四分位と第三四分位を求める際に中央値を含めます。[排他的な中央値]は含めないで計算します。

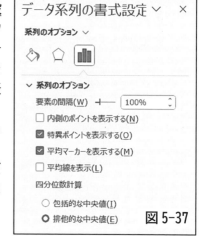

46 近似曲線を表示する

【グラフ要素】▶【近似曲線】▶【線形】

近似曲線を表示するには

散布図に近似曲線を表示します。

① 範囲(セル A1 からセル B41)を選択して、**挿入**タブ－**グラフ**グループ－**散布図**－**散布図** を選択し、散布図を作成します(図 5-38)。

② 散布図を選択―**グラフ要素**―**近似曲線** の右にある > をクリックして、**線形**を選択します(図 5-40(1))。

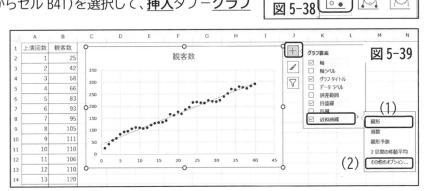

図 5-38

図 5-39

近似曲線の式と R-2 乗値を表示する

① 散布図を選択して、**グラフ要素**－**近似曲線**－**その他のオプション** を選択します(図 5-39(2))。

② 右に表示される **近似曲線の書式設定**作業ウィンドウ－**グラフに数式を表示する** と **グラフに R-2 乗値を表示する** にチェックを入れます。(図 5-40(2))

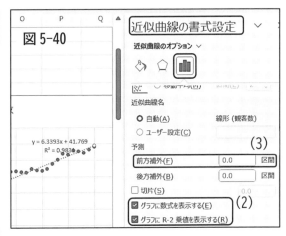

図 5-40

予測を表示する

近似曲線から前方 5 回までの予測を表示します。

① **近似曲線の書式設定**作業ウィンドウ－**予測**－**前方補外**:「5」と入力します(図 5-40(3))。

② 前方 5 回までの予測が表示されます(図 5-41)。

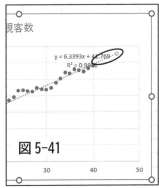

図 5-41

47 グラフを作成しなくてもビジュアル的にデータを表示

【ホーム】タブ ▶ 【スタイル】グループ ▶ 【条件付き書式】ボタン　【挿入】タブ ▶ 【スパークライン】グループ

データの大きさをバーで表示する

表示したい数値の範囲を選択－**ホーム**タブ－**スタイル**グループ－**条件付き書式**－**データバー**－**塗りつぶし** から任意の色を選択します。

複数のデータの状態を折れ線で表示する

各商品の曜日ごとの折れ線のスパークラインを作成します。ここで最小値と最大値で全てのスパークラインで同じ値を使うようにします。

① **挿入**タブ－**スパークライン**グループ－**折れ線**ボタンをクリックします（図5-42）。

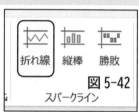

② **スパークラインの作成**ダイアログボックス－**データ範囲**（ここではセルB4からセルF9）、**場所の範囲**（ここではセルG4からセルG9）を選択－**OK**ボタンをクリックします（図5-43）。

③ 行間の値が比較できていないため、スパークラインが表示されているセルを選択－**スパークライン**タブ－**グループ**グループ－**軸**ボタンをクリック－**縦軸の最小値のオプション** と **縦軸の最大値のオプション** を **すべてのスパークラインで同じ値** に設定します（図5-44）。

④ 図5-45のように折れ線が表示されます。

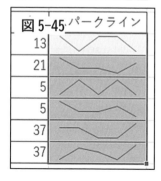

Excel

Chapter 6
データベース

48 データを昇順・降順に並べ替える

【データ】タブ ▶【並べ替えとフィルター】グループ

1つの条件で並べ替える(図6-1(1))

英語の成績の高い順に並べ替えます。「英語」の列内の任意のセルをクリック－<u>データ</u>タブ－<u>並べ替えとフィルター</u>グループ－<u>降順</u>ボタン をクリックします。

図6-1

G	H	I	J
	成績一覧表		
学籍番号	氏名	英語	国語
1001	相原	90	95
1002	伊藤	80	70
1003	上田	75	85
1004	宇野	90	60
1005	江川	70	80
1006	岡村	75	90
1007	河合	70	60
1008	岸	80	60
1009	木村	100	80
1010	工藤	60	65

複数のキーで並べ替える(図6-2)

「英語」を降順、英語の点数が同じ場合は「国語」を降順に並べ替えます。

① 表内にカーソルを置いて、<u>並べ替えとフィルター</u>グループ－<u>並べ替え</u>ボタンをクリックします(図6-1(2))。

② <u>並べ替え</u>ダイアログボックス－[先頭行をデータの見出しとして使用する]にチェック－<u>最優先されるキー</u>:「英語」、<u>並べ替えのキー</u>:「セルの値」、<u>順序</u>:「大きい順」と選択します。

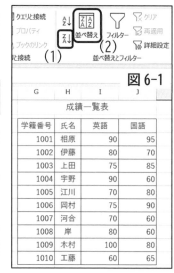

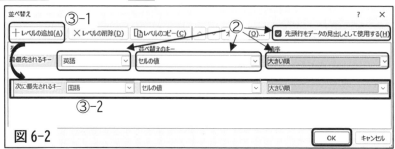

図6-2

③ 左上の <u>レベルの追加</u>ボタンをクリック(③-1)－新しい欄が追加されるので<u>次に優先されるキー</u>:「国語」、<u>並べ替えのキー</u>:「セルの値」、<u>順序</u>:「大きい順」に設定して(③-2)－<u>OK</u> ボタンをクリックします。

④ 図6-3のように並べ替えられます。

図6-3

G	H	I	J
	成績一覧表		
学籍番号	氏名	英語	国語
1009	木村	100	80
1001	相原	90	95
1004	宇野	90	60
1002	伊藤	80	70
1008	岸	80	60
1006	岡村	75	90
1003	上田	75	85
1005	江川	70	80
1007	河合	70	60
1010	工藤	60	65

49 特定のデータを抽出する

【データ】タブ ▶ 【並べ替えとフィルター】グループ ▶ 【フィルター】

フィルターを付ける(図6-4)

表内の任意のセルをクリック−**データ**タブ−**並べ替えとフィルター**グループ−**フィルター**ボタンをクリックします。列見出しに▼が付きます。

図6-4

フィルターを外す(図6-4)

フィルターボタンをもう一度クリックします。

特定のデータを抽出する(図6-5)

「A」クラスのデータを抽出します。「クラス」の右側の▼をクリック−「(すべて選択)」のチェックをはずし−「A」を選択−**OK**ボタンをクリックします。図6-6(3)のようにAクラスだけが表示されます。

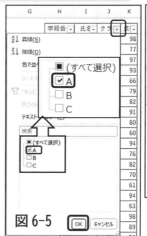

図6-5

図6-6

抽出条件を解除する(図6-6(4))

並べ替えとフィルターグループ−**クリア**ボタンをクリックします。

Column 平均より上/下の人の抽出、上位/下位○人を抽出

数値データの場合、▼をクリックすると、**数値フィルター** が表示されます。その中に **平均より上**、**平均より下**、**トップテン** のメニューがあります(図6-7)。**平均より上**(または下)は選択すると、平均より上(または下)の人を抽出できます。**トップテン** の場合、上位または下位、項目または%が設定できます。

図6-7

50 指定した条件のデータを抽出する

【数値フィルター】と【テキストフィルター】

○以上△以下のデータを抽出する(図6-8)

「点数」が80点以上90点以下のデータを抽出します。

① **フィルター** を設定(49(図6-4))-「点数」の右側の▼をクリック-**数値フィルター**-**指定の値以上** を選択します(49 図6-7)。

② **カスタムオートフィルター**ダイアログボックス-**抽出条件の指定**:「80」を入力し「以上」を選択-「AND」をクリック-下の段に「90」を入力、「以下」を選択-**OK**ボタンをクリックします。図6-9のような結果になります。

※ 「80点以上」というような条件が1つの場合は、図6-8の下の条件を空白にして**OK**ボタンをクリックします。

特定の文字を含むデータを抽出する

「氏名」に「田」が付くデータを抽出します。
① 「氏名」の右側の▼をクリック-**テキストフィルター**-**指定の値を含む** を選択します(図6-10)。

② **カスタムオートフィルター**ダイアログボックス-**抽出条件の指定** で「田」を入力し「を含む」になっていることを確認-**OK**ボタンをクリックします(図6-11)。図6-12のような結果になります。

51 特定の項目の小計と総計を求める

【データ】タブ ▶ 【アウトライン】グループ ▶ 【小計】

特定の項目の小計と総計を求めるには

「クラス」ごとに「点数」の小計と総計を求めます。

① 「クラス」の列の任意のデータを選択 – 昇順（または降順）に並べ替えます。

図6-13 アウトライン

② 表内の任意のセルをクリック、**データ**タブ – **アウトライン**グループ – **小計**ボタンをクリックします（図6-13）。

③ **集計の設定**ダイアログボックス – **グループの基準**:「クラス」、**集計の方法**:「合計」、**集計するフィールド**:「点数」に設定 – **OK**ボタンをクリックします（図6-14③）。

④ 各クラスの小計と総計が求められます（図6-15）。

小計行と総計行だけを表示する

<u>レベル2</u>ボタン 2 をクリックすると、図6-16のようになります。

※ <u>レベル3</u>ボタン 3 をクリックすると元に戻ります。

図6-14

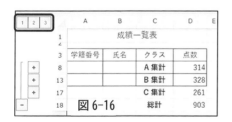

図6-16

小計と総計を削除するには（図6-14(3)）

小計と総計の表の中のセルを選択 – **アウトライン**グループ – **小計**ボタンをクリック – **集計の設定**ダイアログボックス – **すべて削除**ボタンをクリックすると削除できます（図6-14(3)）。

図6-15

52　複雑な条件を設定して抽出する

【データ】タブ ▶ 【並べ替えとフィルター】グループ ▶ 【詳細設定】

複雑な条件を設定して抽出する（図6-17）

「A」クラスと「B」クラスで「点数」が90点以上のデータを抽出します。

① 対象リスト（セルA3からセルD14、①-1）から1列または1行以上離れた場所に条件を入力します（セルF3からセルI5が条件、①-2）。

② 対象リストの任意のセルを選択－**データ**タブ－**並べ替えとフィルター**グループ－**詳細設定**ボタンをクリックします。

③ **フィルターオプションの設定**ダイアログボックス－**抽出先**:「選択範囲内」、**リスト範囲**:①で選択した対象リストであることを確認、**検索条件範囲**:セルF3からセルI5を選択－**OK**ボタンをクリックする（図6-18）と、図6-19のように抽出されます。

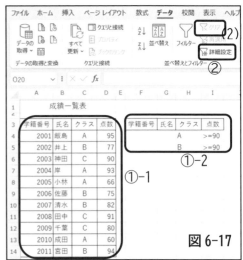

図6-17

図6-18

解除する（図6-17(2)）

並べ替えとフィルターグループ－**クリア**ボタン をクリックします。

図6-19

抽出結果を別の表に表示する（図6-20）

上記(1)の結果をセルF7に表示します。
(1)の③で**抽出先**:「指定した範囲」、**抽出範囲**:「セルF7」－**OK**ボタンをクリックします。

図6-20

53　テーブルを使った並べ替えや抽出

【テーブルとして書式設定】

テーブルの設定

① 表の中を選択－**ホーム**タブ－**スタイル**グループ－**テーブルとして書式設定**－好みのデザインを選択します（図 6-21）。

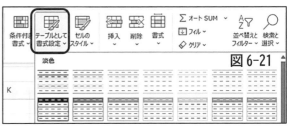

② **テーブルの作成**ダイアログボックス－表の範囲が網羅されていることを確認－**OK**ボタンをクリックします（図 6-22）。

③ フィルターが設定されます（図 6-23）。

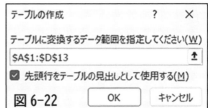

並べ替えや抽出

フィルターの▼をクリック－メニューから並べ替えや抽出をすることができます（参考 49、50）。

表の形式の変更（図 6-24）

表の形式は、**テーブルデザイン**タブ－**テーブルスタイル**で変更ができます。このテーブルスタイルは左側の**テーブルスタイルのオプション**で設定を変更することができます。[集計行]にチェックを付けると、テーブルの最終行で合計・平均その他の集計ができるので便利です。

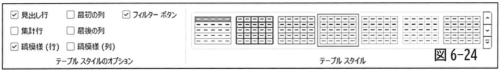

ピボットテーブルで集計とスライサーの挿入（図 6-25）

テーブルデザインタブ－**ツール**グループ－**ピボットテーブルで集計**でピボットテーブル、**スライサーの挿入**でスライサーを設定することができます。ピボットテーブルとスライサーの使い方は Chapter7 を参照してください。

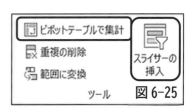

54 分析を簡単に行うには

【クイック分析】

クイック分析

データが入力された範囲を選択するとクイック分析が表示されます(図6-26)。

これを使用すると、条件付き書式・グラフ・数式・テーブルなどが簡単に設定できます。

クイック分析ボタンをクリックすると、初期状態では **書式設定** が選択されています。マウスでポイントすると、見本が表示されます。クリックすると確定します(図6-27)。

それぞれのタブをクリックすると、設定できるアイコンが表示されます(図6-28〜図6-31)。

合計タブでは、右端に表示される ▸ で、アイコンが増えます(図6-29)。

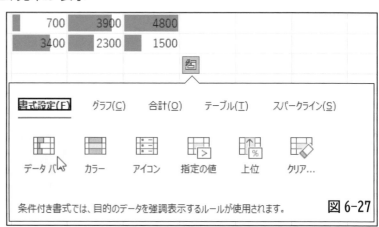

図6-26

図6-27

図6-28

図6-29

図6-30

図6-31

Excel

Chapter 7
データの整理機能

55　クロス集計をする

【挿入】▶【テーブル】▶【ピボットテーブル】

ピボットテーブルを作成するには

ピボットテーブルは、クロス集計によく使われます。アンケートの集計などに便利です。ここでは、担当別の商品の売り上げについてクロス集計を行います。

① 表中の任意のセルをクリック－**挿入**タブ－**テーブル**グループ－**ピボットテーブル**ボタンをクリックします（図 7-1）。

② **テーブルまたは範囲からのピボットテーブル**ダイアログボックス－**テーブル/範囲**を確認（表がすべて選択されていること）－**OK**ボタンをクリックします（図 7-2）。

※ ここで、**既存のワークシート**を選択し、表示したいセルを指定すれば、表と同じシートにピボットテーブルを表示することもできます。

③ 新しいシートが追加されます。**ピボットテーブルのフィールド**作業ウィンドウのフィールドリストから、[月日]を**フィルター**に、[担当]を**行**に、[商品名]を**列**に、[金額]を**Σ 値**にドラッグします（図 7-3）。

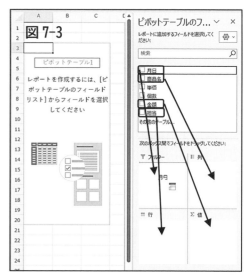

④ 図 7-4 のようになります。

	A	B	C	D	E	F	G	H
1	月日	(すべて)					図 7-4	
2								
3	合計 / 金額	列ラベル						
4	行ラベル	カレーライス	スタミナ弁当	ハンバーグ弁当	ミックスフライ弁当	鮭弁当	唐揚げ弁当	総計
5	菊池	2660	1000			1140	400	5200
6	斉藤	1520	500	1350	2800	380	1600	8150
7	田中		2500	3150	2000	5320	2000	14970
8	鈴木	1520	2500	1350	3200			8570
9	総計	5700	6500	5850	8000	6840	4000	36890

56　表示の変更

【ピボットテーブルのフィールド】作業ウィンドウ

レイアウトのフィールドを削除する

55 図 7-4 のピボットテーブルの[値]を「金額」から「個数」に変更します。

① レイアウトエリアにある **Σ 値** の「合計/金額」の▼をクリック－**フィールドの削除** をクリックします（図 7-5）。またはフィールドリストの「金額」のチェックをはずします（55 図 7-3）。

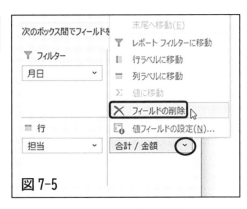

図 7-5

② フィールドリストの「個数」を **Σ 値** にドラッグします。

③ 図 7-6 のように個数の集計に変更されます。

図 7-6

行と列ラベルを入れ替える

フィールドリストの下にある **行** にあるフィールド名の▼をクリック－**列ラベルに移動** を選択します（図 7-7）。同様に **列** にある入れ替え対象のフィールド名の▼をクリック－**行ラベルに移動** を選択します。図 7-8 のように入れ替わります。

図 7-7

フィルターで抽出する

月日(すべて)の隣の▼をクリック－「2/2」をクリック－**OK** ボタンをクリックします（図 7-9）。

図 7-8

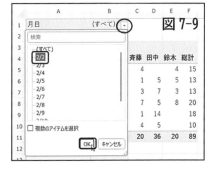

図 7-9

57 集計方法とその表示形式を変更する

【ピボットテーブルのフィールド】▶【Σ値】

集計方法を変える(図7-10)

集計方法を「平均」に変更します。
① レイアウトエリアにある **Σ 値** の「合計/金額」の▼をクリック−**フィールドの設定**を選択します(56の図7-7)。

② **値フィールドの設定**ダイアログボックス−**集計の方法**−**平均** を選択−**OK** ボタンをクリックします。

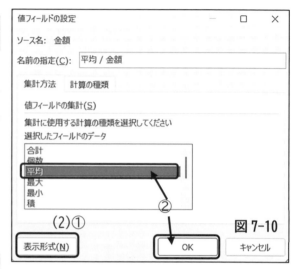

図7-10

表示形式を変えるには(図7-11)

「¥」を付け、小数点1桁表示にします。
① **値フィールドの設定**ダイアログボックス−**表示形式**ボタン(図7-10(2)①)をクリックします。

② 図7-11の**セルの書式設定**ダイアログボックス−**表示形式**タブ−**分類**:「通貨」、**記号**:「¥」、**小数点以下の桁数**:「1」に設定−**OK**ボタンをクリックします。図7-12のように表示されます。

図7-11

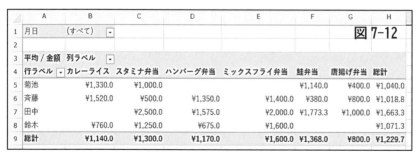

図7-12

58 ピボットテーブルでの並べ替え

昇順、降順ボタン

「行ラベル」または「列ラベル」の順序を変える(図7-13)

「行ラベル」を降順に並べ替えます。
ピボットテーブルの 行ラベル の右隣りにある▼をクリック−降順 を選択します。図7-14のように順序が変わります。

数値データの順序を変えるには(図7-15)

スタミナ弁当のデータ(金額)を降順にします。
スタミナ弁当のデータを選択−データタブ−並べ替えグループ−降順ボタンをクリックします。

図7-13

図7-14

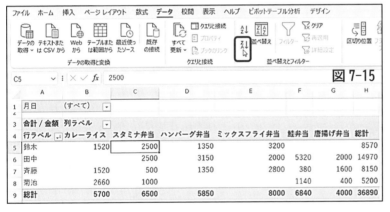

図7-15

Column 詳細なデータを見る

鈴木さんのスタミナ弁当の詳細を表示します。
ピボットテーブルの鈴木さんのスタミナ弁当のデータがあるセル C5 をダブルクリックします(図7-15)。別のシートができ、詳細が表示されます(図7-16)。

	A	B	C	D	E	F
1	月日	商品名	単価	個数	金額	担当
2	2021/2/5	スタミナ弁当	500	3	1500	鈴木
3	2021/2/2	スタミナ弁当	500	2	1000	鈴木

図7-16

59　ピボットテーブルからグラフを作成する

【ピボットテーブル分析】タブ ▶ 【ツール】グループ ▶ 【ピボットグラフ】

ピボットテーブルからグラフの作成（図7-17）

3D 積み上げ縦棒グラフを作成します。
① ピボットテーブル内の任意のセルを選択－**ピボットテーブル分析**タブ－**ツール**グループ－**ピボットグラフ**ボタンをクリックします。

② **グラフの挿入**ダイアログボックス－**縦棒**を選択（②-1）－**3D 積み上げ縦棒**を選び（②-2）－**OK**ボタン（②-3）をクリックします。

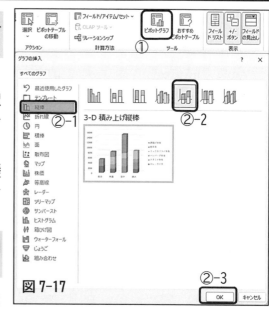
図 7-17

指定したデータのみをグラフにする（図7-18）

商品名が鮭弁当のデータのみのグラフにします。グラフ内の[商品名]の▼をクリック－「（すべて選択）」のチェックをはずし－「鮭弁当」をチェック－**OK**ボタンをクリックします。図7-19のように鮭弁当のみのグラフができます。
※ ピボットグラフを変更すると、元になっているピボットテーブルも連動して変更されます。

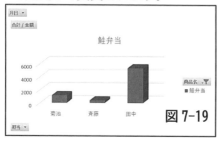
図 7-19

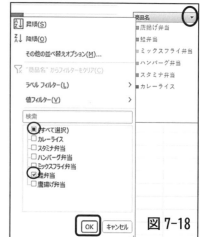
図 7-18

Column　元のデータが変更された場合

元のデータが変更された場合、このままではピボットテーブルに反映されません。反映するには、ピボットテーブルを選択－**ピボットテーブル分析**タブ－**データ**グループ－**更新**ボタンをクリック－**更新**または **すべて更新** を選択します（図7-20）。

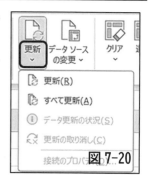
図 7-20

60　ピボットテーブルにフィルタリング機能を追加する

【ピボットテーブル分析】タブ ▶ 【フィルター】グループ ▶ 【スライサー】ボタン

図7-21

スライサーを利用する

図7-21の表から作成されたピボットテーブルを「担当」で切り替える設定をします。

① 該当するピボットテーブルを選択－**ピボットテーブル分析**タブ－**フィルター**グループ－**スライサーの挿入**ボタンをクリックします（図7-22①）。

※ **挿入**タブ－**フィルター**グループ－**スライサー**ボタンでも同様です。

② **スライサーの挿入**ダイアログボックス－**担当**を選択－**OK**ボタンをクリックします（図7-22②）。

※ **スライサーの挿入**で複数の項目をチェックすると複数のスライサーが開きます。

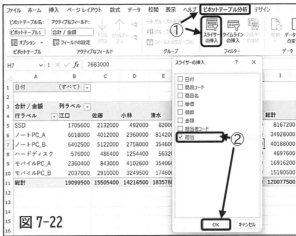

図7-22

③ **担当**の中から「小林」を選択すると（7-23(1)③）、ピボットテーブルの集計が小林さんの合計に変わります。

※ Ctrl キーを押したまま、担当を選択すると、複数の人のデータに変わります。

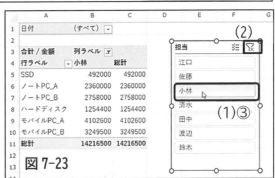

図7-23

スライサーの選択をクリアする（図7-23(2)）

スライサーの **フィルターのクリア**ボタンを選択します。

スライサーを消去するには（図7-24）

スライサーの画面で右クリック－**"担当"の削除**を選択します。または、 Delete キーでも削除できます。

図7-24

61　ピボットテーブルで集計期間を指定する

【ピボットテーブル分析】タブ ▶ 【フィルター】グループ ▶ 【タイムライン】ボタン

タイムラインを設定する

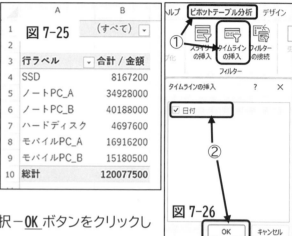

図7-25

60の図7-21の表から作成された図7-25のピボットテーブルを2023年7月から8月の集計期間に設定します。

① 該当するピボットテーブルを選択－**ピボットテーブル分析**タブ－**フィルター**グループ－**タイムライン**ボタンをクリックします（図7-26①）。

② **タイムラインの挿入**画面－**日付**を選択－**OK**ボタンをクリックします（図7-26②）。

③ **日付**のタイムラインが表示されるので、2023年の7月から8月を選択します（図7-27）。バーを一度クリックしてから、左右にドラッグで広げるか、 Shift キーを押しながらクリックします。

選択の種類を変更（図7-28）

[タイムライン]の「月」の▼をクリック－表示されるメニューから変更できます。

Column　複数のピボットテーブルに設定する

スライサーやタイムラインを複数のピボットテーブルに設定したり、ピボットテーブルを変更するためには、**スライサー**タブまたは**タイムライン**タブ－**レポートの接続**をクリック－**レポート接続**ダイアログボックスから該当するピボットテーブルを選択します（図7-29）。

62 複数のファイルを効率よく管理したい（1）

【Power Query】を使う

フォルダー内の同形式のファイルを1つにしたい

「2月データフォルダー」には2月1日データ.xlsxと2月2日データ.xlsx の 2 つだけのファイルが入っているものとします。列の名前が一致していないとうまく1つにできないので注意してください。Power Query を使って1つに結合します。

① Excel を立ち上げ、空白のブックを開きます。

② <u>データ</u>タブ－<u>データの取得と変換</u>グループ－<u>データの取得</u>ボタン－<u>ファイルから</u>－<u>フォルダーから</u> をクリックします（図 7-30）。<u>参照</u>ダイアログボックスで、「2月データフォルダー」を選択して<u>開き</u>ます。

図 7-30

③ 表示された画面下部の<u>結合</u>ボタンの▼をクリック－<u>データの結合と変換</u> を選択します（図 7-31）。

図 7-31

④ <u>ファイルの結合</u>ダイアログボックスで、サンプルファイルからファイルを選び、表示オプションからシートまたはテーブルを選んで、プレビューを確認してから、<u>OK</u> ボタンをクリックします（図 7-32）。

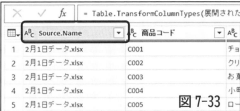
図 7-32

⑤ Power Query エディタが開きます。Source.Name は、取り込んだファイル名なので、列見出しの Source.Name をクリックしてから、Delete キーで削除します（図 7-33）。必要であれば、文字を抽出することもできます。

図 7-33

Power Query のデータを Excel に読み込む

<u>ホーム</u>タブ－<u>閉じる</u>グループ－<u>閉じて読み込む</u> を選択します（図 7-34）。Excel にはテーブルとして読み込まれます。

図 7-34

63 複数のファイルを効率よく管理したい(2)

【Power Query】を使う

Excel シートから Power Query を起動するには(図 7-35)

図 7-35

データタブ-データの取得と変換-データの取得ボタンをクリック-Power Query エディターの起動 を選択します。

金額を計算する(図 7-36)

① Power Query エディターで計算したい項目「単価」と「個数」を選択-列の追加タブ-数値からグループ-標準ボタンをクリック-乗算 を選択します。

② 項目「乗算」をダブルクリック-「金額」に修正します。

図 7-36

別のデータファイルを追加する

① 62 で使った「2 月データフォルダー」に 2 月 3 日データ.xlsx ファイルを追加します。

② Excel のテーブルの任意のセルをクリックして、クエリタブ-読み込むグループ-更新ボタン-更新 を選択します(図 7-37)。

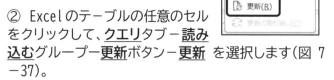
図 7-37

③ 2 月 3 日データが追加されました(図 7-38)。

図 7-38

Column Power Query とは

Power Query(パワークエリ)は、外部データを抽出や収集して、適切な形式にデータを整形することができます。複数の Excel ファイルを 1 つのシートに統合したり、複数の異なるテーブルを結合したり、Web 上のデータを取り込んだりすることが可能です。

Excel

Chapter 8
印刷

64 指定した範囲を印刷する

【ページレイアウト】タブ ▶ 【ページ設定】グループ

印刷範囲を指定するには（図8-1）

印刷をしたい範囲をドラッグして、**ページレイアウト**タブ－**ページ設定**グループ－**印刷範囲**ボタンをクリック－**印刷範囲の設定** を選択します。

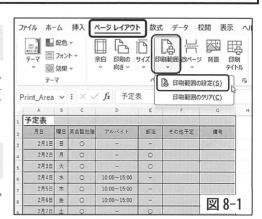

図8-1

印刷を確認するには（図8-2(2)）

ファイルタブ－**印刷** を選択((2)-1)－右側のプレビュー((2)-2)で確認します。

2ページに収めるには

① 図8-2(3)①の**ページ設定**を選択します。

② **ページ設定**ダイアログボックス－**ページ**タブ－**次のページ数に合わせて印刷** の 横：「1」、縦：「2」に設定－[OK]ボタンをクリックします（図8-3）。

※ **挿入**タブ－**ページ設定**グループ－**ダイアログボックス起動ツール** をクリックしても同様です。

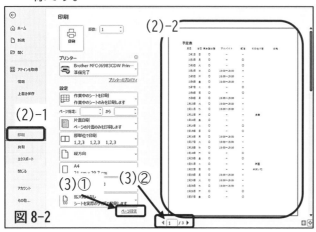

図8-2

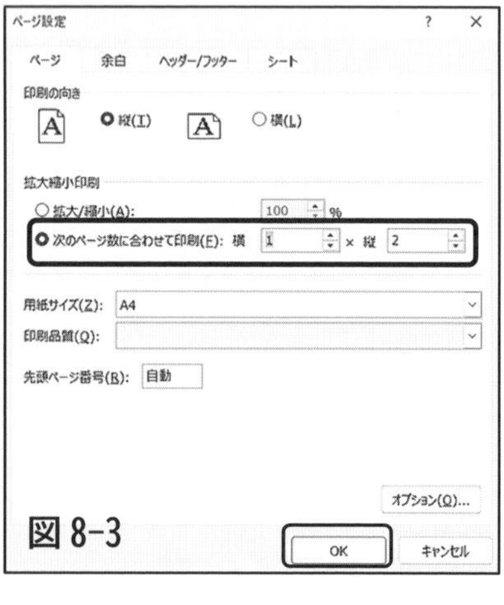

図8-3

③ 図8-2(3)②では3ページになっているページ数が2ページ（図8-4）に収まっていることがわかります。

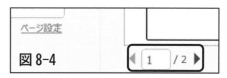

図8-4

65　印刷の設定を変更する

【ページレイアウト】タブ ▶ 【ページ設定】グループ、【表示】タブ ▶ 【改ページプレビュー】

横方向に印刷（図 8-5）

　ページレイアウトタブ－ページ設定グループ－印刷の向きボタンをクリック－横 を選択します。

余白の変更（図 8-6）

　余白を広くします。ページ設定グループ－余白ボタンをクリック－広い を選択します。

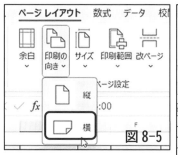

図 8-5

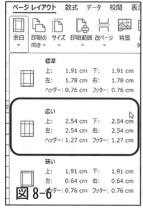

図 8-6

改ページを設定（図 8-7）

3月1日（30行目の下）で改ページをするように設定します。
印刷の改ページを設定するには改ページプレビューを使うと便利です。
① 表示タブ－ブックの表示グループ－改ページプレビューボタンをクリックします。
② 32行目あたりにある青い破線を30行目の下に移動します。

　※ 改ページプレビューから標準に戻るにはブックの表示グループ－標準ボタンを選択します。

　※ 改ページプレビューでは、青い太外枠で囲まれたところが印刷される範囲となり、ページ番号が表示されます。青い太線または破線をドラッグすることで印刷範囲、改ページの位置を変更できます。

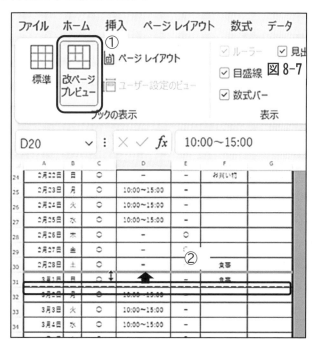

図 8-7

66　見出しを付けて印刷する

【ページレイアウト】タブ ▶ 【ページ設定】グループ ▶ 【印刷タイトル】

すべてのページに見出しを設定（図8-8）

すべてのページに2行目の項目を見出しとして設定します。

① <u>ページレイアウト</u>タブ－<u>ページ設定</u>グループ－<u>印刷タイトル</u>ボタンをクリックします。

② <u>ページ設定</u>ダイアログボックス－<u>シート</u>タブ－<u>タイトル行</u>：🡅をクリック（図②-1）－行番号「2」（②-2）をクリック－「$2:$2」と表示されるのを確認（②-3）－<u>OK</u>ボタン（②-4）をクリックします。

③ 2ページ目にタイトル行が表示されます（図8-9）。

図8-8

図8-9

Column　行列番号を印刷する

図8-8の <u>ページ設定</u>ダイアログボックス－<u>シート</u>タブ－<u>印刷</u>：[行列番号]（図8-8(A)）をチェック－<u>OK</u>ボタンをクリックします。<u>OK</u>ボタンをクリックする前に <u>印刷プレビュー</u>ボタンをクリックするか <u>ファイル</u>－<u>印刷</u> でプレビューを確認すると、図8-10のようになります。

図8-10

67　データのみ印刷する

【ページレイアウト】タブ ▶ 【ページ設定】グループ

データのみ印刷する

① **ページレイアウト**タブ−**ページ設定**グループ−**印刷タイトル**ボタンをクリックします。

② **ページ設定**ダイアログボックス−**シート**タブ−**印刷**：[簡易印刷]にチェックを入れて−**OK**ボタンをクリックします（66 図8-8）。図8-11のようにデータのみ印刷されます。

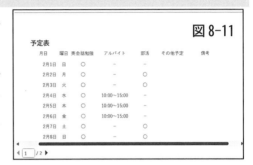

図8-11

エラー値を印刷しないようにする

① 上記(1)①の操作で表示される**ページ設定**ダイアログボックス−**シート**タブ−**セルのエラー** の▼をクリック−「<空白>」を選択して（図8-12）、**OK**ボタンをクリックします。

② 図8-13のようにエラーは空白になります。

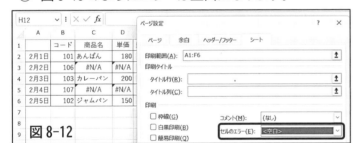

図8-12　　図8-13

Column　印刷で2枚目から4枚目を印刷したい場合

ファイルタブ−**印刷** を選択（64図8-2）−中央の **設定** の **ページ指定** で図8-14のように印刷したいページを指定します。

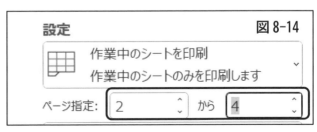

図8-14

68　ヘッダーに日付、フッターにページ番号を入れて印刷する

【ページレイアウト】タブ ▶ 【ページ設定】ダイアログボックス

日付とページ番号を入れて印刷する

　ヘッダーの右に日付、フッターの中央にページ番号を設定します。

① **ページレイアウト**タブ－**ページ設定**グループの右下にある **ダイアログボックス起動ツール** をクリックします（図8-15①）。

② **ページ設定**ダイアログボックス－**ヘッダー/フッター**タブを選択します（図8-15②）。

③ **ヘッダーの編集**ボタンをクリックします（図8-15③）。

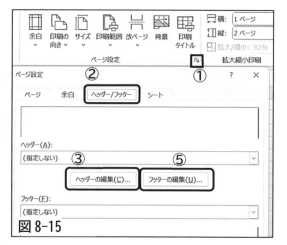

④ **ヘッダー**ダイアログボックスの **右側** を選択（図8-16(A)）－**日付の挿入**ボタン（図8-16(B)）をクリック（&[日付]と入ります）－**OK**ボタンをクリックして、**ページ設定**ダイアログボックスに戻ります。

⑤ **フッターの編集**ボタンをクリックします（図8-15⑤）。**フッター**ダイアログボックスの **中央部** を選択－**ページ番号の挿入**ボタンをクリック－**OK**ボタンをクリック、**ページ設定**ダイアログボックスに戻るので、**OK**ボタンをクリックします。

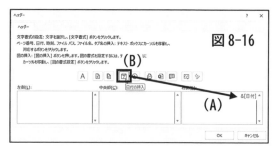

⑥ 印刷を確認すると図8-17のようにヘッダーとフッターに日付とページ番号が入ります。

※ ヘッダー/フッター ダイアログボックスのアイコンの意味

a 文字書式、b ページ番号の挿入、c ページ数の挿入、
d 日付の挿入、e 時刻の挿入、f ファイルパスの挿入、
g ファイル名の挿入、h シート名の挿入、i 図の挿入、
j 図の書式設定

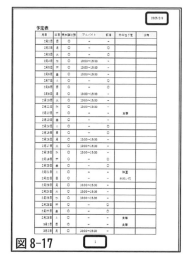

図 8-17

Office Index

アルファベット

Backstage ビュー 4

あ

印刷 8
印刷プレビュー 8
上書き保存 7

か

画面表示モード 3
起動 2
クイックアクセスツールバー 3, 5
クリップボード 10
グループ名 3
コピー 10
コマンドボタン 5

さ

終了 2
書式のクリア 9
書式のコピー 10

た

ズーム 3
スクロールバー 3
ステータスバー 3

た

ダイアログボックス起動ツール 3
タイトルバー 3
タブ 3

な

名前を付けて保存 7

は

バージョン情報 4
貼り付けのオプション 10
ピン留め 2, 6
ファイルを開く 6

ま

ミニツールバー 9

ら

リボン 3, 5

Word Index

数字・アルファベット

1 行目のインデント 39
Building Blocks.docx 47
IME パッド 22
Office のカスタム テンプレート 13

あ

アウトライン表示 54, 57
アウトラインボタン 55
アンカー 17, 78
インク数式 26
印刷 48
印刷の向き 42
印刷レイアウト 16
インデント 32, 39, 40
上付き 25
上書きモード 22
英数字前後のスペース 36
オートコレクト 12
オブジェクトの選択 78
オプション設定 12

か

カーソル 16
改ページ 43
箇条書き 34, 35
記号と特殊文字 24
奇数/偶数ページ別指定 45
既定の文書 13
脚注 59, 65
行 69, 70
行間隔 40
行数 42
行高 69

行頭のスペース 36
行内配置 58, 78
行番号 20
均等割り付け 33, 73
クイックパーツ 23
蛍光ペン 28
罫線 72
検索 51
固定配置 77

さ

索引 63
左右の余白 38
辞書登録 23
下付き 25
上下の余白 38, 56
章番号 55
書式のクリア 52, 54
資料文献の管理 64, 65
垂直ルーラー 38
水平ルーラー 38
数式 25, 26
スタイル 52, 53
スタイルギャラリー 52, 53, 54
図番号 58
図表番号 58
セクション区切り 43, 62, 63
節番号 55
セル 69, 72
セルの結合 71
セルの配置 73
セルの分割 71
全角文字 30

先頭ページのみ別指定 45
相互参照 60, 66

た

タイトル行の繰り返し 74
段区切り 43
段組み 62
段落記号 17
段落前後の間隔 40
段落番号 34, 35
置換 51
テキストボックス 76
等幅フォント 19
ドキュメント情報 46
ドロップキャップ 76

な

ナビゲーションウィンドウ 56, 57
入力オートフォーマット 12
任意指定の行区切り 17

は

配置 74
半角文字 30
左インデント 39
左揃えタブ 37
日付と時刻 44
表 68, 75
表が2ページに分割されるのを防ぐ 75
表記ゆれチェック 50
標準テンプレート 13
表の移動ハンドル 68, 69, 74
表の解除 68
表のサイズ変更ハンドル 69
表のスタイル 72
表の次の不要なページを防ぐ 75
表のプロパティ 73, 74
表の分割 71

表番号 58
フィールド 46, 60, 63
フォント 19
フォントの埋め込み 19
ブックマーク 66
フッター 44, 47
不動配置 78
浮動配置 58, 77
ぶら下げインデント 39
ふりがな 29
プロポーショナルフォント 19
分割 56
文献リスト 64
文章校正 50
文書テンプレート 13
ページ設定 42
ページ番号 44, 45
ヘッダー 44, 46, 47
編集記号 17
傍点 28

ま

マーカー 39
右インデント 39
見出し 54, 56, 58
目次 61
文字位置 31
文字カウント 21
文字間隔 31
文字種の変換 30
文字数 16, 42
文字の位置 37
文字列の折り返し 43
文字列の方向 42

や

用紙サイズ 42

余白 38, 39, 42
余白位置 16

ら

ラベル 58
両端揃え 32
ルーラー 16

ルビ 29
列 69, 70
列幅 69

わ

ワードアート 76

PowerPoint Index

数字・アルファベット

3D コントロール 130
3D モデル 130
Excel のグラフ 114
Excel の表 109
PDF ファイル 157
SmartArt グラフィックの挿入 116
SmartArt グラフィックに変換 118
Web カメラ 152

あ

アイコン 129
アウトライン機能 95
アウトラインペイン 95
アニメーション
　　135, 136, 137, 138, 140, 141, 142
アニメーション ウィンドウ 136
アニメーションの解除 138
アニメーションの確認 137
アニメーションの順序 139
インク注釈 151
印刷 154, 155, 156
映像 102
折れ線グラフ 111
オンライン画像 99

か

階層構造 117
回転ハンドル 126
ガイド 121
箇条書き 91, 118, 140
画像 99, 105, 106
画像の調整 100
画面切り替え 132, 133, 134
画面切り替え効果の設定 134
画面切り替え時にサウンドを鳴らす
　　... 133
画面切り替えのスピードを変える　133
行/列の切り替え 113
行間 93
行頭文字 91, 92
曲線 121
クイックスタイル 124
グラフ 141, 142
グラフ アニメーション 142
グラフの種類の変更 112
グラフの挿入 110
グリッド線 121
グループ化 128
コンテンツプレースホルダー
　　........................ 108, 110, 114

さ

サマリーズーム 147
サムネイルペイン 84, 85
ショートカットツールバー 146
図形 119, 127, 128, 136
図形の回転・反転 126
図形の効果 125
図形の追加 117
図形の塗りつぶし 123
図形の枠線 123
図形への文字入力 122
図形を立体的 125

ストック画像 99, 129
スライド一覧 87
スライドサイズ 106
スライドショー
　............. 144, 145, 146, 149, 151
スライドショーの記録 152
スライドショー中のペン書き 150
スライドの移動 88
スライドの削除 87
スライドの挿入 85
スライドの非表示 148
スライドのレイアウト 85, 86, 106
スライド番号 103
スライドペイン 84
スライドマスター 104, 105
前面へ移動 127
組織図 116, 117

た
直線 120
データの編集 113
テーマ 98
テキスト ウインドウ 116
テキストボックス 94
デザイン 98
トリミング 100

な
ネット映像 102
ノート 96

ノートの印刷 155
ノートマスター 155

は
背景画像 101
配色 119
ハイパーリンク 158
配布資料 154
背面へ移動 127
発表者ツール
　................ 96, 145, 146, 149, 150
日付と時刻 156
描画モードのロック 120
表の作成 108
ピラミッド 116
フォント サイズの拡大 122
複合グラフ 112
フル ページ サイズのスライド 154
プレースホルダー
　................ 84, 90, 118, 135, 140
プレースホルダーの削除 90
ページ番号 156
ヘッダーとフッター 103, 156
ペン書き 150
棒グラフ 111

ま
文字列の方向 122

ら
レーザーポインター 149

Excel Index

数字・アルファベット

3D 集計 190
AVERAGE 関数 183
AVERAGEIF 関数 191
AVERAGEIFS 関数 192
COUNTA 関数 184
COUNTIFS 関数 192
COUNTIF 関数 191
COUNT 関数 184
HLOOKUP 関数 193
IF 関数 186
INT 関数 188
LARGE 関数 189
LEFT 関数 195
MAX 関数 184
MEDIAN 関数 185
MID 関数 195
MIN 関数 184
MODE.SNGL 関数 185
NOW 関数 165
Power Query 231, 232
RANK.AVG 関数 189
RANK.EQ 関数 189
RIGHT 関数 195
ROUNDDOWN 関数 188
ROUNDUP 関数 188
ROUND 関数 188
SMALL 関数 189
Source.Name 231
STDEV.P 関数 185
SUBSTITUTE 関数 195
SUMIFS 関数 192
SUMIF 関数 191
SUM 関数 183
TODAY 関数 165
VAR.P 関数 185
VLOOKUP 関数 193
XLOOKUP 関数 194

あ

アウトライン 219
アクティブセル 160
値を参照 180
アドイン 196
入れ子 187
印刷 237, 238
印刷タイトル 236
印刷の向き 235
印刷範囲の設定 234
インデント 173
エラーを回避 193
オートカルク 196
オートフィルオプション 166
オートフィル機能 164
折り返して全体を表示する 172

か

改ページプレビュー 235
簡易印刷 237
関数の挿入 198
関数の引数 198
関数ライブラリ 198
基本統計量 197
行/列の切り替え 206
行・列の高さ 168
行・列を挿入 168

行番号	160	条件付き書式	178, 214
行列を入れ替える	170	昇順	216
行・列を非表示にする	168	小数点以下の表示桁数を増やす	169
切り取ったセルの挿入	170	小数点以下の表示桁数を減らす	169
近似曲線	213	書式のコピー/貼り付け	177
均等割り付け(インデント)	173	数式バー	160
クイック分析	222	数字や英字を入力	161
グラフ	204	数値軸の目盛間隔	209
グラフタイトル	204	数値フィルター	218
グラフの移動	205, 206	スタイル	176, 177
グラフのサイズの変更	205	スパークライン	214
グラフの種類の変更	208	スピル機能	182
グラフ要素	204, 210, 212	スライサー	221, 229
クリップボード	170	絶対参照	181
クロス集計	224	セルの書式設定	169
計算式	180	セルのスタイル	176
罫線	175	セルを結合して中央揃え	172
桁区切りスタイル	169	総計	219
降順	216	相対参照	181

さ

作業グループ	202		
算術演算子	180		
散布図	213		
シートの移動	201		
シートのコピー	201		
シートの追加・削除	200		
シート見出し	200		
シート名	200		
シートを非表示	201		
式のコピー	180		
軸のオプション	209		
軸の書式設定	209		
軸ラベル	204		
縮小して全体を表示する	172		
小計	219		

た

タイムライン	230
抽出	217, 218, 220
通貨表示形式	169
データ分析	197
データラベル	210
テーブル	221
テーブルとして書式設定	221
テーマ	176
テキストフィルター	218

な

名前ボックス	160
並べ替え	216
並べ替えとフィルター	220
入力データの削除と修正	162
塗りつぶしの色	174

は

パーセントスタイル 169
箱ひげ図 212
貼り付けのオプション 166
凡例 207
凡例項目 207
比較演算子 186
ヒストグラム 211
日付の挿入 238
日付を入力 161
ピボットグラフ 228
ピボットテーブル 224, 229, 230
ピボットテーブルで集計 221
ピボットテーブルでの並べ替え 227
ピボットテーブルのフィールド
   .... 225, 226
表計算ソフト 160
表のスタイル 176
フィルター 217

複合参照 181
フッター 238
ふりがな 167
分析ツール 196, 211
ページ番号の挿入 238
ヘッダー 238

ま

目盛間隔の変更 209
文字(日本語)を入力 161

や

横軸ラベル 207

ら

列名 160
レポートの接続 230
連続データ 164
論理関数 187

わ

割合 181

著者紹介

小川　浩（おがわ　ひろし）
一橋大学大学院経済学研究科博士課程．博士（経済学）．現在、神奈川大学経済学部准教授．
著書：『ロータス 1-2-3 テクニカルハンドブック』（共著）、『少子化の経済分析』（共著）、『高齢者の働きかた』（共著）
担当項目：全体企画、はしがき

工藤　喜美枝（くどう　きみえ）
武蔵大学経済学部卒業．神奈川大学経済学部非常勤講師を経て、現在、神奈川大学経済学部特任教授．
著書：『逆引き PowerPoint 2007/2003』（共著）、『速効! ポケットマニュアル Excel 2010&2007 基本ワザ&便利ワザ』（単著）、『入門! Access2010』（単著）、『入門! Excel VBA クイックリファレンス（改訂版）』（単著）、『Access 入門!作って覚える』（単著）など．
担当項目：Office、Word

五月女　仁子（そうとめ　ひろこ）
早稲田大学大学院博士後期課程理工学研究科数学専攻単位取得退学．神奈川大学経済学部特任准教授、特任教授、日本女子体育大学体育学部教授を経て、現在、帝京大学経済学部教授．
著書：『秘伝のC』（単著）、『コンピュータの教科書』（単著）
担当項目：Excel

中谷　勇介（なかたに　ゆうすけ）
一橋大学大学院経済学研究科博士課程満期退学．神奈川大学経済学部特任講師、特任助教を経て、現在、西武文理大学サービス経営学部教授．
担当項目：PowerPoint

2025 年 4 月 24 日　　　　　　　　　　　　　　　　　　　　　初 版　第 1 刷発行

Office2024で実践　読み書きプレゼン

著　者　小川　浩／工藤　喜美枝／五月女　仁子／中谷　勇介　©2025
発行者　橋本　豪夫
発行所　ムイスリ出版株式会社

〒169-0075
東京都新宿区高田馬場 4-2-9
Tel.03-3362-9241(代表)　Fax.03-3362-9145
振替 00110-2-102907

ISBN978-4-89641-348-9　C3055